陈志田◎主编

舌尖上的中国

主食，花样百变的中国饮食艺术

中国华侨出版社

北 京

图书在版编目 (CIP) 数据

舌尖上的中国 . 5, 主食, 花样百变的中国饮食艺术 /
陈志田主编 . -- 北京 : 中国华侨出版社 , 2020.8
ISBN 978-7-5113-8265-8

Ⅰ . ①舌… Ⅱ . ①陈… Ⅲ . ①菜谱—中国②主食—食
谱 Ⅳ . ① TS972.182

中国版本图书馆 CIP 数据核字 (2020) 第 134349 号

舌尖上的中国 . 5, 主食, 花样百变的中国饮食艺术

主　　编：陈志田
责任编辑：刘雪涛
封面设计：冬　凡
文字编辑：宋　媛
美术编辑：吴秀侠
经　　销：新华书店
开　　本：880mm×1230mm　1/32　印张：25　字数：570 千字
印　　刷：德富泰（唐山）印务有限公司
版　　次：2020 年 8 月第 1 版　2021 年 1 月第 2 次印刷
书　　号：ISBN 978-7-5113-8265-8
定　　价：168.00 元（全 5 册）

中国华侨出版社　北京市朝阳区西坝河东里 77 号楼底商 5 号　邮编：100028
法律顾问：陈鹰律师事务所
发行部：（010）88893001　　传　真：（010）62707370
网　址：www.oveaschin.com　E-mail：oveaschin@sina.com

如果发现印装质量问题，影响阅读，请与印刷厂联系调换。

前 言
p r e f a c e

　　中华饮食文化源远流长，烹饪历史悠久，制作工艺精湛，菜系流派纷呈。一直以来，中国都以"美食大国"享誉世界，不仅各种美味佳肴遍布中国各地，中国菜品更是风行海外。在时间的积淀中，中华美食在选料、口味、制法和风格上形成了不同的区域差异和风格特色。正如林语堂先生所说："吃在中国无所不在，无往不通。"中国人的吃，不仅是满足胃，而且要满足嘴，甚至还要使视觉、嗅觉皆获得满足。

　　丰富的美食让中国人大饱口福，但人们对饮食的追求远不止于此。中国人懂吃、爱吃、会吃，也会做。千百年来，他们心甘情愿地把大量的精力倾注于饮食之事中，菜中味、酒中趣、茶中情，无论贫富，不分贵贱，中国人都在饮食之中各得其所，各享其乐。擅长烹饪的中国人，从不曾把自己束缚在一张乏味的食单上，他们怀着对食物的理解，将无限的想象空间赋予各种食材，演绎出无数新的、各具特质的食物。

作为一个普通食客，懂吃固然重要，会做更为关键。如果能够掌握中华美食的制作方法，即便是在家里，也能够尝遍南北大菜、风味小吃。为此，我们精心编写了这套《舌尖上的中国》，为广大美食爱好者提供周到细致的下厨房一站式炮制指南，帮助其在较短的时间内掌握中华经典美食的制作方法，迅速成为烹饪高手。书中精选具有中华特色和代表性的菜肴与风味小吃，分为《煎·炒·烹·炸·炖，美食中的"中国功夫"》《形色、转换的艺术》《火锅和烧烤，舌尖上的味道舞蹈》《倾世名城倾世菜》《主食，花样百变的中国饮食艺术》五册，既有传统大菜，又有美味时蔬；既有饕餮大餐，也有故乡小吃；既有养生靓汤，还有食疗粥煲，几乎囊括中国各地具有代表性的特色美食，将人们关于山珍海味、各式主食、豆制品、腌货腊味和五味调和的美好记忆与制作方法一一道来，让你足不出户也能品尽舌尖上的中国。此外，书中对各类菜品所使用的材料、调料、做法进行了详细介绍，烹饪步骤详略得当，图片精美清晰，读者可以一目了然地了解食物的制作要点，易于操作。即便你没有任何做饭经验，也能做得有模有样、有滋有味。

　　小舌尖，大中国，尝酸甜苦辣咸，品中国色香味。不用绞尽脑汁，不必去餐厅，自己动手，就能炮制出穿越时空的中华传世美味，热爱美食的你还等什么呢？只要掌握了书中介绍的烹调基础和诀窍，以及分步详解的实例，就能轻松烹调出一道道看似平凡，却大有味道的美味佳肴，让你在家里就能尝尽中华美味。一碗汤喝尽一个时代的味道，一道菜品出半生浮沉的记忆。无论你身在何方，都希望你沿着这份美食攻略，找到熟悉的温暖与感动。

目录
contents

第一章

主食，花样百变的中国饮食艺术

第二章

粥，流传千载的中华养生美食

第三章

中式糕点，吃出传统文化

附录

第一章 ●

主食，

花样百变的中国饮食艺术

家常主食巧入门

　　主食的制作过程并不复杂，但是要做出好吃的主食却也不是那么简单。那么，要想做出美味可口的主食，应做好哪些准备工作呢？首先对面粉和大米的选购是必不可少的，其次对材料的初加工也不能忽略。下面就让我们一起来学习关于家常主食的一些小知识吧！

1 怎样做米饭才能更可口

　　我们都知道，把饭煮得好吃是需要诀窍的。不过这种看似最基本的功夫也是最不容易学会的，因为饭的味道是最原始的，没有其他的作料来让吃的人分心。想知道如何煮出好吃的米饭吗？下面就来告诉你。

洗米

　　用水淘洗米前先将米中杂质捡出。淘米要用凉水。用水量和淘洗次数要尽量减少，以除去米糠等杂质为度，不要用力搓或过度搅拌。洗米水要很快倒掉，因为米中含有一些溶于水的维生素和无机盐，多淘会使米表层的营养成分随水流失。

浸泡

　　刚洗好的米不宜马上下锅，可加适量水浸泡 10~15 分钟。因为米的结构紧密，水吸附和渗透到里层需较长时间，煮熟浸涨的米粒比没有浸涨的米粒更省时，并且浸涨的米粒内外受热均匀，煮出来的饭更香软可口。

煮饭

　　煮饭不宜用冷水，沸水煮饭不但可以缩短煮饭时间，节约能源，还可较好地保存大米中的营养成分。

焖饭

　　饭煮好立即食用，口感会较差，因此要将煮熟的米饭再焖一下，使水分能够均匀散布在米粒中间。如果是用电饭煲煮饭，在饭煮好后仍不能立即打开锅盖，应该再焖15分钟，这样米饭会更可口。

2 制作馒头的小窍门

　　有些人在家里自己做馒头、蒸馒头，但蒸出来的馒头总是不尽如人意。要想蒸出来的馒头又白又软，应该在面粉里加一点盐水，这样可以促使面粉发酵；要想蒸出来的馒头松软可口，就应该先在锅中加冷水，放入馒头后再加热增加温度。

如何蒸馒头

　　①蒸馒头时，如果面似发非发，可在面团中间挖个小坑，倒进两小杯白酒，停10分钟后，面就发开了。

　　②发面时如果没有酵母粉，可用蜂蜜代替，每500克面粉加蜂蜜15~20克。面团揉软后，盖上湿布4～6小时即可发起。蜂蜜发面蒸出的馒头松软清香，入口甘甜。

　　③在发酵的面团里，人们常要放入适量碱来除去酸味。检查施碱量是否适中，可将面团用刀切一块，上面如有芝麻粒大小均匀的孔，则说明用碱量适宜。

　　④蒸出的馒头，如因碱放多了变黄，且碱味难闻，可在蒸过馒头的水中加入食醋100~160毫升，把已蒸过的馒头再放锅中蒸10~15分钟，馒头即可变白且无碱味。

如何做好开花馒头

做得好的开花馒头，形状美观，色泽雪白，质地松软，富有弹性，诱人食欲。要达到这样的效果，必须大体掌握下列六点。

①面团要和得软硬适度，过软发酵后会吸收过多的干面粉，成品不开花。

②加碱量要准，碱多则成品色黄，表面裂纹多，不美观，又有碱味；碱少则成品呈灰白色，有酸味，而且粘牙。

③酵面加碱、糖（加糖量可稍大点儿）后，最好加入适量的猪油（以 5% 左右为宜），碱与猪油发生反应，可使蒸出的馒头更松软、雪白、可口。

④酵面加碱、糖、油之后，一定要揉匀，然后搓条、切寸段，竖着摆在笼屉内，之间要有一定空隙，以免蒸后粘连。

⑤制好的馒头坯入笼后，应该醒发一会儿，然后再上锅蒸。

⑥蒸制时要加满水，用旺火。一般蒸 15 分钟即可出笼，欠火或过火均影响成品质量。

3 制作面条的小窍门

面条由于制作简单，营养丰富，因此成为人们喜爱的主食之一。但有时候大多数人煮出来的面条并不好吃，究竟要注意哪些方面呢？下面就介绍多种煮面条的小窍门，相信一定可以让你煮出美味可口的面条。

巧煮面条

煮挂面时，不要等水沸后才下面。当锅底有小气泡往上冒时就下面，搅动几下，盖锅煮沸，适量加冷水，再盖锅煮沸就熟了。这样煮面，面柔而汤清。

怎样使面条不粘连

平时我们在家里煮面条，煮完之后稍微放一会儿面条就会粘在一起。这里教给你一个面条不粘连的办法：煮面之前在锅里加一些油，由于油漂浮在水面上，水里的热气散不出去，水开得就快了。

面条煮好以后，漂在水面上的油就会挂在面条上，再怎么放也不会粘连了。另外，在煮挂面时，不要等水开了再下面条，可以在温水时就把面下了，这样面熟得就快了。

面条走碱的补救

市场上买来的生面条，如果遇上天气潮湿或闷热，极易走碱。走碱的面条煮熟后会有一股酸馊味，很难吃。我们如果发现面条已经走碱，烹煮的时候，在锅中放入少许食用碱，煮熟后的面条就和未走碱时一样了。

如何制作烫酵面

烫酵面，就是在拌面时掺入沸水，先将面粉烫熟，拌成"雪花形"，随后再放入老酵，揉成面团，让其发酵（一般发至五六成左右）。烫酵面组织紧密，性糯软，但色泽较差，制成的点心、皮子劲足有韧性，能包牢卤汁，宜制作生煎馒头或油包等。

4 吃对米饭三字诀

大米饭是多数中国人每天都要吃的主食，如果掌握了吃米饭的健康原则，日积月累，有利于身体健康。不过如果不能明智地吃米饭，有可能会给自己惹来麻烦。

尽量让米饭"淡"

一方面，尽量不要在米饭中加入油脂，以免增加额外的能量，也可避免餐后血脂升高。因此，炒饭最好少吃，加香肠的煮饭或者用含有油脂的菜来拌饭也应当尽量避免食用。另一方面，尽量不要在米饭当中加入盐、酱油和味精，避免增加额外的盐分。

尽量让米饭"乱"

在烹调米饭、米粥的时候，最好不要用单一的米，而是将米、粗粮、豆子、坚果等一起烹调。比如红豆大米饭、花生燕麦大米粥等，就是搭配得很好的米食。加入这些食品材料，一方面增加了米饭中的B族维生素和矿物质，另一方面还能起到蛋白质营养互补的作用，能够在减少动物性食品摄入量的同时保障充足的营养供应。

尽量让米"粗"

所谓"粗"，就是尽量少吃精白米饭，也要少吃糯米食品。一些营养保健价值特别高的米，如糙米、黑米、胚芽米等，都有着比较"粗"

的口感。虽说"粗"有益于健康，但若每天吃糙米饭，口感上会觉得不适，难以长期坚持。因此，在煮饭的时候，不妨用部分糙米、大麦、燕麦等粗粮和米饭"合作"，这样口感就会比较容易接受。最好先把"粗"原料在水里泡一夜，以便它们在煮的时候与米同时成熟。

燕麦馒头

材料

低筋面粉、泡打粉、酵母粉、改良剂、燕麦粉各适量

调料

砂糖 100 克

做法

1 低筋面粉、泡打粉过筛与燕麦粉混合、开窝。

2 加入砂糖、酵母粉、改良剂、清水拌至糖溶化。

3 拌入低筋面粉，揉至面团光滑。

4 用保鲜膜包起来，醒发约 20 分钟。

5 然后用擀面杖将面团压薄。

6 卷成长条状。

7 分切成每件约 30 克的面团。

8 均匀排于蒸笼内，用猛火蒸约 8 分钟，熟透即可。

豆沙双色馒头

材料

面团 300 克

调料

豆沙馅 150 克

做法

1 面团分成两份，一份加入同等重量的豆沙和匀，
　另一份面团揉匀。

2 将掺有豆沙的面团和另一份面团分别搓成长条。

3 用通心槌擀成长薄片。

4 喷上少许水，叠放在一起。

5 从边缘开始卷成均匀的圆筒形。

6 切成 50 克大小的馒头生坯，醒发 15 分钟即可入
　锅蒸熟。

金银馒头

材料

低筋面粉 500 克，泡打粉、酵母粉各 4 克，改良剂 25 克

调料

糖 100 克

做法

1 低筋面粉、泡打粉混合过筛，加入糖、酵母粉、改良剂、清水拌至糖溶化。

2 将低筋面粉拌入揉匀。

3 揉至面团光滑。

4 用保鲜膜包好，醒发一会儿。

5 将面团擀薄。

6 卷成长条状。

7 分切成每件约 30 克的馒头坯。

8 蒸熟，晾凉后将其中一半炸至金黄色即可。

牛油花卷

材料

面团 500 克

调料

白糖 20 克，椰浆 10 克，牛油 20 克

做法

1 将面团加入白糖、椰浆揉匀，切成大小均匀的面
  剂，再擀成面皮，将牛油涂于面皮上。

2 再将面皮从外向里卷成圆筒形。

3 将卷好的面团揉搓至光滑。

4 再将面团切成小面剂。

5 用筷子从面团中间按下。

6 再将头尾对折后翻起。

7 翻起后即成生坯。

8 将生坯放在案板上醒发 1 小时后，上笼蒸熟即可。

燕麦杏仁卷

材料

面粉、酵母粉、燕麦粉、改良剂、泡打粉、杏仁片各
适量

调料

砂糖适量

做法

1 面粉开窝，加入砂糖及各种材料。

2 糖溶化后拌入面粉，揉至面团光滑。

3 用保鲜膜包好，醒发备用。

4 将醒发好的面团擀开。

5 杏仁片撒在中间铺平。

6 再把面团卷起呈长条状。

7 分切成 45 克 / 个的生坯。

8 放上蒸笼醒发一会儿，用大火蒸约 8 分钟即可。

葱花火腿卷

材料
面团 500 克，香葱 20 克，火腿 40 克

调料
盐少许，味精少许，生油少许，白糖 20 克，椰浆 10 克

做法
1 香葱、火腿洗净均切粒；面团加入所有调料揉匀。

2 将切好的材料放于擀好的面皮上。

3 再将面皮对折起来。

4 将对折的面皮用刀先切一连刀，再切断。

5 把切好的面团拉长。

6 再将拉伸的面团绕圈。

7 打一个结后即成生坯。

8 将做好的生坯放置醒发 1 小时，再上笼蒸熟即可。

菠菜香葱卷

材料
面团 500 克，菠菜 10 克，香葱 10 克

调料
盐少许，生油少许，白糖 20 克，椰浆 10 克

做法
1 葱洗净切花；菠菜叶洗净榨汁，加入面团中，再加
  入所有调料，揉成菠汁面团。
2 把葱花均匀撒在擀薄的菠汁面皮上。
3 再将面皮对折起来。
4 将对折的面皮用刀先切一连刀，再切断。
5 再将切好的面团拉伸。
6 将其扭起来。
7 打结成花卷生坯，放置醒发 1 小时。
8 上笼蒸熟即可。

珍珠烧卖

材料

糯米 900 克，面粉 500 克，猪膘肉 200 克

调料

酱油 15 克，白胡椒粉 5 克

做法

1 猪肉切小丁，炒至七成熟；糯米浸泡 4 ~ 8 小时，沥干水分。

2 锅置火上，在盆中倒入适量清水，放入糯米，大火蒸 40 分钟，撒少量沸水，再蒸 20 分钟，将蒸好的糯米饭、酱油、白胡椒粉、猪肉丁拌成肉馅。

3 在盆内放入适量面粉，用 200 毫升水和匀。

4 将盆内面粉和成软硬适中的面团备用。

5 将面团搓成条，切成 50 个剂子。

6 撒上干面粉，擀成直径 8 厘米、边沿薄中间厚的圆皮。

7 左右拿住圆皮，包入馅料。

8 将圆皮掐成包口处呈圆形张开状。

9 包好馅儿后，将其依次摆入蒸屉中。

10 将蒸屉放进蒸笼，蒸 15 分钟即可。

五香牛肉卷

材料

面团500克，牛肉末60克

调料

盐5克，白糖25克，味精、麻油、五香粉各适量

做法

1 用擀面杖将面团擀成薄面皮。

2 把牛肉末加所有调料拌匀调成馅料。

3 再将牛肉末涂于面皮上。

4 将面皮从外向里折。

5 直至完全盖住牛肉馅。

6 将对折的面皮用刀先切一连刀，再切断。

7 将切好的面团拉伸。

8 将拉伸的面团扭成花形。

9 将扭好的面团绕圈。

10 打结后成花卷生坯。

11 再将生坯放于案板上醒发1小时左右。

12 上笼蒸熟即可。

螺旋葱花卷

材料

面粉、泡打粉、酵母粉、
桑叶粉、猪肉、葱、马蹄
各适量

调料

砂糖、盐、鸡精、糖、淀
粉、麻油、胡椒粉各适量

做法

1 面粉、泡打粉混合过筛，加酵母粉、糖、清水。

2 将糖溶化后，拌入面粉，揉至面团光滑，用保鲜膜
  包好，醒发备用。

3 将面团分成两份，其中一份加入桑叶粉搓透。

4 将两份面团擀成薄皮。然后将两份薄皮重叠。再卷
  起成长条状。

5 分切成 30 克 / 个的薄坯，再擀成薄圆皮状备用。
  馅料切碎拌匀与调料拌匀成馅。

6 包入馅成型，排入蒸笼，静置后蒸熟即可。

什锦炒饭

材料
米饭1碗，鸡蛋1个，胡萝卜50克，香菇1朵

调料
食盐、食用油各适量

做法
1 将胡萝卜洗净切片；香菇泡发后切片。

2 锅中倒入油，将鸡蛋液快速划散盛出。

3 锅中再加入油，将米饭倒入轻轻炒开，成散粒状，倒入鸡蛋、胡萝卜片、香菇片翻炒片刻，起锅前调入盐即可。

牛肉汤饭

材料

牛肉 350 克，油菜 200 克，米饭 300 克

调料

料酒 3 克，辣椒油 10 克，酱油 5 克，胡椒粉 3 克，高汤 200 克，香油 5 克

做法

1 牛肉洗净，切成小块，加入料酒拌好，腌渍 30 分钟左右；油菜洗净，入沸水焯烫。

2 锅中倒入辣椒油烧热，放入牛肉，加入酱油、胡椒粉炒至九成熟，然后倒入高汤，大火煮至熟。

3 放入米饭煮软，最后放入油菜，略煮片刻，起锅淋上香油即可。

香芋包

材料

低筋面粉、泡打粉、酵母粉、
改良剂、鲮鱼滑各适量

调料

砂糖 100 克，香菜、香
芋各适量，色香油 5 克

做法

1 低筋面粉、泡打粉过筛开窝，加糖、酵母粉、改良
 剂、清水、香芋、色香油。

2 拌至糖溶化，将面粉拌入，揉搓至面团光滑。

3 用保鲜膜包起，醒发一会儿。

4 将面团分切成 30 克 / 个的小面团。

5 然后擀成薄皮备用。

6 鲮鱼滑与香菜拌匀成馅。

7 用薄皮包入馅料，将包口收紧捏成雀笼形。

8 均匀排入蒸笼内醒发一会儿，用猛火蒸约 8 分钟即可。

燕麦豆沙包

材料

低筋面粉、泡打粉、干酵母粉、改良剂、燕麦粉各适量

调料

砂糖 100 克，豆沙馅适量

做法

1 低筋面粉、泡打粉过筛与燕麦粉混合、开窝。

2 加入砂糖、干酵母粉、改良剂、清水拌至糖溶化。

3 将面粉拌入，揉搓至面团光滑。

4 用保鲜膜包好，醒发 20 分钟。

5 然后将面团分切 30 克 / 个的小面团。

6 将面团擀成薄皮，包入豆沙馅。

7 将包口收紧成包坯。

8 将包坯放入蒸笼，稍醒发后用猛火蒸约 8 分钟即可。

秋叶包

材料

面团 500 克，菠菜 100 克，猪肉末 20 克

调料

盐 3 克，白糖 25 克，味精 4 克，麻油、生油各少许

做法

1 将一半菠菜叶洗净，放入搅拌机中搅打成菠菜汁。

2 打好的菠菜汁倒入揉好的面团中。

3 揉成菠菜汁面团。

4 再将面团搓成光滑的长条。

5 将长条切成大小一致的小剂子。

6 再将小剂面团揉至光滑。

7 取另一半菠菜与猪肉末、调料拌匀成馅。

8 将揉好的面团放在案板上。

9 再用擀面杖擀成薄面皮。

10 取一面皮，内放 20 克馅料。

11 将面皮的一端向另一端打褶包成秋叶形生坯。

12 将生坯放在案板上醒发 1 小时，上笼蒸熟即可。

灌汤小笼包

材料
面团 500 克，肉馅 200 克

调料
盐 3 克

做法

1 将面团揉匀后，搓成长条，再切成小面剂，用擀面杖将面剂擀成面皮。

2 取一面皮，内放 50 克馅料，将面皮从四周向中间包好。

3 包好以后，放置醒发半小时左右，再上笼蒸 6 分钟，至熟即可。

麻蓉包

材料

面皮 10 张，白芝麻 100 克，芝麻酱 1/3 罐，花生酱 20 克

调料

黄油 20 克，淀粉 12 克，糖 15 克

做法

1 将白芝麻放入锅中炒香，加入芝麻酱、花生酱、黄油、淀粉、白糖一起拌匀，做成麻蓉馅备用。

2 取一面皮，内放麻蓉馅，再将面皮从下向上捏拢。

3 将封口捏紧即成生坯，醒发 1 小时后，上笼蒸熟即可。

家乡咸水饺

材料

糯米粉 500 克，猪油、
澄面、猪肉各 150 克，
虾米 20 克

调料

糖 100 克

做法

1 清水、糖煮开，加入糯米粉、澄面。

2 烫熟后倒出来，在案板上搓匀。

3 加入猪油揉搓至面团光滑。

4 搓成长条状，分切成 30 克 / 个的小面团后压薄。

5 猪肉切碎与虾米加糖炒熟。

6 用压薄的面皮包入馅料。

7 将包口捏紧成形。

8 以 150℃的油温炸成浅金黄色熟透即可。

翡翠小笼包

材料

面团 500 克，菠菜 400 克，猪肉末 40 克

调料

味精、糖、老抽、盐各适量

做法

1 将一半菠菜打成汁，加入面团中揉匀，搓成长条，再分成小面团。

2 将小面团擀成中间稍厚周边圆薄的面皮。

3 剩余菠菜切碎，与猪肉末、调料拌成馅，放在面皮上。

4 将面皮对折起来，打褶包成生坯。

5 将生坯醒发 1 小时，上笼蒸熟即可。

家乡蒸饺

材料

面粉 500 克，韭菜 200 克，猪肉滑 100 克，上汤 200 克

调料

盐 1 克，鸡精 2 克，糖 3 克，胡椒粉 3 克

做法

1 面粉过筛开窝，加入清水。

2 将面粉拌入，揉搓至面团光滑。

3 面团醒发一会儿后分切成 10 克 / 个的小面团。

4 擀压成薄面皮备用。

5 馅料切碎与调料拌匀成馅。

6 用薄皮将馅料包入。

7 然后将收口捏紧成形。

8 均匀排入蒸笼内，用猛火蒸约 6 分钟。

脆皮豆沙饺

材料
糯米粉 500 克，澄面、猪油各 150 克，豆沙 100 克

调料
糖 80 克

做法
1 清水、糖加热煮开，加入糯米粉、澄面，拌至没粉
粒状后倒在案板上。

2 加入猪油，揉搓至面团光滑，搓成长条状。将面
团、豆沙分切成 30 克 / 个；将面团擀压成薄皮；
将豆沙馅包入，捏成三角形，醒发一会儿，然后炸
成浅金黄色即可。

薄皮鲜虾饺

材料
面团 200 克，馅料 100 克（内含虾肉、肥膘肉、竹笋各适量）

做法
1 将面团擀成面皮，再取适量馅料放在面皮上。
2 再将面皮从四周向中间打褶包好。
3 包好后，放置醒发半个小时，再上笼蒸 7 分钟，至熟即可。

玉米水饺

材料

肉馅 250 克，面皮 500 克，玉米粒 60 克

调料

盐、味精、糖、麻油各 3 克，胡椒粉、生油各少许

做法

1 把玉米粒加入肉馅中。

2 再加入所有调料拌匀。

3 取一面皮，内放 20 克的肉馅。

4 将面皮从三个角向中间折拢。

5 三个角分别扭成小扇形。

6 再将封口处捏紧即成生坯，然后煮熟即可。

胡萝卜猪肉煎饺

材料

猪肉末 400 克，胡萝卜 100 克，饺子皮 500 克

调料

盐 6 克，淀粉少许

做法

1 胡萝卜洗净，切成碎末，盛入碗内，加入盐、淀粉
  拌匀成馅。

2 取一饺子皮，内放 20 克馅料，将饺子皮从三个角
  向内捏成三角形，再将三个边上的面皮捏成花形。

3 把饺子放入锅中蒸熟后取出，再入煎锅中煎至面皮
  金黄色即可。

猪肉馄饨

材料

五花肉馅 200 克，葱 50 克，馄饨皮 100 克

调料

盐 4 克，味精 5 克，白糖 10 克，香油少许

做法

1 肉馅中加少许水剁至黏稠状；葱切花。

2 将肉馅放入碗中，加入葱花，调入调味料拌匀。

3 将馅料放入馄饨皮中央，慢慢折起，使皮四周向中央靠拢，直至看不见馅料，再将馄饨皮捏紧，入锅煮熟即可。

秘制凉皮

材料
凉皮 400 克，黄瓜 90 克，绿豆芽 100 克

调料
盐 4 克，辣椒油 5 克，熟芝麻 5 克，鸡精 2 克

做法
1 将凉皮洗净，摆盘。

2 黄瓜洗净，切丝，装盘；绿豆芽洗净，入沸水中汆烫，捞出，装盘。

3 将盐、鸡精、辣椒油、熟芝麻调成味汁，淋在凉皮上即可。

鲜虾馄饨

材料

鲜虾仁 200 克，韭黄 20 克，馄饨皮 100 克

调料

盐 6 克，味精 4 克，白糖 8 克，香油少许

做法

1 鲜虾仁洗净，每个剖成两半；韭黄切粒。

2 将虾仁放入碗中，加入韭黄粒，调入调料拌匀成馅。

3 将馅放入馄饨皮中央。

4 慢慢折起，使皮四周向中央靠拢。

5 直至看不见馅，再将馄饨皮捏紧。

6 将头部稍微拉长，使底部呈圆形。

7 锅中注水烧开，放入包好的馄饨。

8 盖上锅盖煮 3 分钟即可。

炸莲蓉芝麻饼

材料

低筋面粉 500 克，熟芝麻、莲蓉馅适量，砂糖100 克

调料

泡打粉 4 克，干酵母粉4 克，改良剂 25 克，芝麻适量，清水 225 克

做法

1 低筋面粉、泡打粉混合开窝，加糖、酵母粉、改良剂、清水拌至糖溶化。

2 将面粉拌入搓匀，揉至面团光滑。

3 用保鲜膜包好，醒发一会儿。

4 将面团分切成 30 克 / 个的小剂，压薄备用。

5 莲蓉馅与熟芝麻混合成芝麻莲蓉馅。

6 用面皮包入馅，将包口捏紧后粘上芝麻。

7 然后用手压成小圆饼形。

8 蒸熟，等晾凉后炸至浅金黄色即可。

家常饼

材料
面粉 300 克

调料
盐 2 克，胡椒粉、香油各 5 克

做法
1 面粉加适量清水拌匀，再加入盐、胡椒粉、香油揉匀。

2 将揉匀的面团搓成长条，然后切成面剂，再用擀面杖擀成一张薄皮。

3 锅中注油烧热，放入面皮，煎至熟后起锅装盘即可。

什锦蔬菜煎饼

材料

玉米粒50克，胡萝卜30克，生菜30克，鸡蛋3个，面粉100克

调料

葱、香油、胡椒粉、盐各适量

做法

1 鸡蛋打散，加胡椒粉拌匀；胡萝卜洗净切粒；生菜洗净，切碎。

2 将胡萝卜粒和玉米粒煮熟。

3 面粉加盐、鸡蛋液、水搅成糊状。

4 放入胡萝卜粒、玉米粒、生菜、葱花，再加入香油拌匀。

5 平底锅内放少许油，用勺子将面糊舀入锅内，一勺子面糊摊成一个煎饼，小火煎至两面微黄即可。

香煎土豆饼

材料

土豆 200 克，面粉 300 克

调料

食盐 3 克，葱 5 克，植物油适量

做法

1 土豆去皮，蒸熟捣成泥；葱切成葱花备用。

2 面粉加清水、土豆泥、食盐拌成均匀的糊状，加葱花拌匀。

3 搅拌好的面团擀成 1 厘米厚的饼，整形切成方块。

4 取平底锅加热，放入适量油，放入面饼，煎至两面金黄即可。

韭菜饼

材料
小麦面粉 50 克，韭菜、
鸡蛋各 100 克

调料
盐、葱各适量

做法
1 将韭菜择洗干净，沥水后切成小段；葱洗净，切成
　细末。

2 把鸡蛋打入碗内，用力搅打均匀，然后将韭菜、鸡
　蛋混合，加盐、葱炒熟。

3 面粉加水和好，包入备好的鸡蛋和韭菜，拍成圆
　饼，入沸油锅炸至两面金黄色后出锅即可。

虾饼

材料
鲜虾1500克，面粉450克

调料
植物油10克，盐5克

做法
1 鲜虾剪须洗净，沥干水分，和面粉、盐、300毫升水拌匀。
2 锅置火上，入油烧至七成热，用铁勺将拌好的虾面浆分批倒入平底铁锅。
3 烫至虾挺身，抽出铁勺，炸约4分钟，捞起沥油即可。

酸菜面片

材料

酸菜 300 克，面粉 350 克

调料

白胡椒粉 3 克，鸡精 2 克，葱 10 克

做法

1 酸菜洗净切碎；葱洗净，切碎。

2 面粉加水拌匀揉成面团后，醒发，擀成面皮后再切成面片，备用。

3 锅中倒油烧热，放入酸菜炒香，然后加入适量清水，盖上锅盖，熬成汤。

4 再下入面片煮熟，加入白胡椒粉、鸡精调味，撒上葱花起锅即可。

鳝丝面

材料

鳝鱼 200 克，面条 400 克

调料

葱、盐、酱油各 3 克，糖 2 克

做法

1 鳝鱼洗净，取肉切丝；葱洗净切花。

2 锅中倒油烧热，下入糖和酱油炒匀，加入鳝鱼炒熟，盛出。

3 锅中倒水煮沸，下入面条煮熟，加盐调好味，放上鳝鱼，撒上葱花即可。

老汤西红柿牛腩面

材料
牛腩 100 克，西红柿 80 克，面条 300 克，油菜 50 克

调料
植物油 30 克，盐 3 克，鸡精 1 克，酱油 4 克，蒜泥、番茄酱、葱花各 20 克

做法
1 牛腩洗净切块，入沸水中氽烫，沥干。
2 西红柿洗净切片。
3 油菜洗净，放入锅中与面条同煮。
4 煮熟后，捞出装碗。
5 锅置火上，入油烧热，放入蒜泥炒香。
6 再加牛腩同炒，注入清水煮开。
7 放入西红柿和番茄酱同煮，放入盐、鸡精、酱油调味。
8 起锅倒在面条上，撒上葱花，起锅装盘即可。

酸汤面

材料

面条 350 克，青菜叶 20 克

调料

葱白 15 克，盐 3 克，味精 1 克，醋 5 克，白胡椒粉 3 克，香油 6 克，红油 5 克

做法

1 青菜叶洗净；葱白洗净，切成细丝。

2 将盐、味精、醋、白胡椒粉、香油调匀成味汁。

3 锅倒入水烧热后，放入面条煮熟后，倒入味汁搅拌均匀，放入青菜叶略煮，放上葱丝，淋上少许红油，起锅即可。

鲜虾云吞面

材料

面条 300 克，鲜虾仁 100 克，云吞皮 150 克，青菜 50 克，枸杞 2 克

调料

葱末 2 克，盐 5 克，鸡精 1 克

做法

1 青菜择好洗净，枸杞洗净，鲜虾仁洗净剁成肉末。

2 鲜虾馅加盐拌匀，包入云吞皮中。

3 锅中倒水加热，下入云吞煮熟，加面条、青菜、枸杞一同煮
熟，下葱末、盐和鸡精调味即可。

菠菜肉丝汤面

材料
面条 500 克，菠菜 200 克，猪腿肉 150 克，肉骨鲜汤适量

调料
植物油 10 克，大葱、姜、盐、料酒、酱油各 5 克

做法
1 葱、姜去皮，洗净，切末；猪腿肉洗净，切丝，菠菜洗净，焯熟。

2 用植物油炒香葱末，放入肉丝，快速炒散，加入酱油、料酒、姜末、盐炒熟。

3 面条放入沸水煮熟，入碗；铺上菠菜、肉丝，倒入肉骨鲜汤即可。

肠旺面

材料

豆腐、熟猪肉各250克，
鸡蛋面90克，半熟猪大
肠50克

调料

血旺片25克，绿豆芽、
红油、糍粑、辣椒各10克，
豆腐乳、醋、甜酒酿、蒜
泥、姜末、葱花各5克，
鸡精3克，高汤适量

调料

1 半熟大肠切成小块；熟猪肉切丁，加入醋、甜酒酿
炒脆臊；豆腐切丁，泡盐水，炸泡臊。

2 泡臊加入脆臊、糍粑、辣椒、姜末、蒜泥、豆腐乳
及水，煮开，滤油。

3 煮熟绿豆芽、血旺片，加大肠、汤料、高汤、红
油、鸡精、葱花入面即可。

火腿肉丝炒面

材料

火腿、猪肉各100克，面条400克，包菜200克，青椒5克，胡萝卜10克

调料

盐2克，酱油2克，蚝油4克

做法

1 火腿洗净切细条；猪肉洗净切丝；包菜洗净切片；青椒洗净切圈；胡萝卜洗净切条；面条烫熟，捞出沥干备用。

2 锅中倒油烧热，下火腿、猪肉炒至变色，加入包菜炒熟，再下青椒和胡萝卜炒匀。

3 下入面条炒匀，加盐、酱油和蚝油炒至入味即可。

午餐肉炒面

材料

面条300克，午餐肉200克，青菜80克

调料

盐2克，酱油3克

做法

1 面条煮熟，过凉水沥干备用；午餐肉洗净，切条；青菜择好洗净。

2 锅中倒油烧热，下入午餐肉炒熟，加入面条和青菜一同炒熟。

3 下盐和酱油炒匀入味，即可出锅。

西北炒面

材料

拉面300克，鸡蛋、水发木耳、青椒、红椒各50克

调料

盐3克，酱油2克，陈醋3克，辣椒5克

做法

1 拉面入锅煮熟捞出备用，鸡蛋打散成蛋液，水发木耳洗净切丝，青椒、红椒分别洗净切条，辣椒洗净切碎。

2 锅中倒油烧热，加入木耳、青椒和红椒炒熟，下入蛋液炒熟，再倒入拉面炒匀。

3 加入调料，炒匀入味即可。

鸡丝凉面

材料
鸡胸肉 200 克，面条 400 克

调料
葱、蒜各 10 克，酱油 4 克，盐 1 克，香油少许

做法
1 鸡胸肉洗净，入沸水烫熟后捞出撕成细丝；葱、蒜分别洗净切碎；
   面条烫熟，沥干后盛盘。
2 锅中倒油烧热，下入蒜末爆香，加入酱油和盐调味，出锅淋到面
   条上。
3 再放上鸡丝，撒上葱花，淋上香油即可。

第二章 ●

粥，流传千载的中华养生美食

怎样煲粥、喝粥更营养

粥是人间第一补物。我们中国人都有喝粥的习惯，特别是在湿热的南方，学会煲一锅营养美味粥，那是家庭主妇必备的看家本领。粥作为一种健康的滋补食物，被广为推崇。煲粥、喝粥看起来很简单，其实里面也大有学问。让我们来看看怎样煲粥、喝粥更营养吧。

一、怎样煲粥更营养

很多人都会煲粥，但是如何让粥既好吃又营养呢？这点并不是人人都知道的。虽然煲粥很简单，但是仍有许多窍门可循。据美食专家介绍，只要掌握如下诀窍，你就能快速煲出一锅好吃又营养丰富的好粥来。

1. 煲粥的方法

要想煲出的粥更有营养，需注意煲粥的方法：先将米和水用旺火煮到滚开，再改小火将粥慢慢熬至浓稠。最好一次加入足量的水，因为煲粥讲究一气呵成。这期间要讲究粥不离火、火不离粥，而且有些要求较高的粥，必须用小火一直煨到烂熟，至米粒呈半泥状。这样熬煮出的粥既浓稠，又美味营养。如果煲粥的原料里有不能直接食用的材料，必须提前将此材料熬成汁，过滤掉渣子，沉淀后再加入米熬煮成粥。

2. 煲粥巧用油

除了粥本身熬出的米油外，煲粥时还可以加入适量的其他油脂，如花生油、大豆油、色拉油、葵花油等。其中，花生油含有丰富的不饱和脂肪酸，加入适量在粥里可以降低血液中的总胆固醇和有害胆固醇水平；大豆油有加强粥润泽肌肤、祛脂养肝、抗衰老、保护脾脏的作用；色拉油可以使粥更香滑，口感好；葵花籽油容易被人体吸收，加入适量在粥里具有延缓人体细胞衰老的作用。因此，在煲粥时适当加点油脂，不仅可以给粥增香添色，还可以起到很好的滋补作用，营养又健康！

3. 煲粥巧用花生酱

花生酱中含有丰富的维生素 A、维生素 E、叶酸、钙、镁、锌、铁和蛋白质等营养物质，还含有大量的单一不饱和脂肪酸。在粥里适量地添加一点花生酱，不仅可以增加粥的香醇口感，还可以起到降低人体内胆固醇含量的作用。

4. 如何获得优质粥油

喝粥油的时候最好空腹，再加入少量食盐，可起到引"药"入肾的作用，从而增强粥油补肾益精的功效。此外，婴幼儿在开始添加辅食时，粥油也是不错的选择。

需要注意的是，为了获得优质的粥油，煲粥所用的锅要刷干净，不能有油污。煲的时候最好用小火慢熬，不添加任何作料。研究表明，新鲜大米的米油对胃黏膜有保护作用，适合慢性胃炎、胃溃疡患者服用，而贮存过久的陈旧大米的米油则会导致溃疡。因此，熬粥所用的米最好是优质新米，否则，粥油的滋补作用会大打折扣。

5. 材料下锅的顺序

煲粥一定要注意材料下锅的顺序，不易煮烂的要先放，比如米和药材要先放入，蔬菜、水果则最后放入，水产类一定要先氽水，肉类则要拌淀粉后再入锅熬煮，这样可以使熬出来的粥看起来清而不浊。如果喜欢吃生一点，也可把鱼肉、牛肉或猪肝等材料切成薄片，垫入碗底，用煮沸的粥汁冲入碗中，将材料烫至六七分熟，这样吃起来就会感觉特别滑嫩、鲜美。此外，像香菜、葱花、姜末这类调味用的香料只要在起锅前撒入就可以。

煲青菜粥的时候，应该在米粥煮好后放入盐、味精、油等调味料，最后再放入生的青菜。当冷菜遭遇热粥，青菜的香味就会散发出来，而且青菜的色泽依然鲜嫩，最重要的是青菜的营养不会流失。

6. 高压锅煲粥更营养

用高压锅煲粥可以最大程度地保护食物的营养。另外，由于锅体完全密闭，避免了接触过多氧气，能减少因氧化造成的损失，对于保存抗氧化成分，如多酚类物质，是非常有利的。尤其是用高压锅来烹煮豆类食物，无论是煮还是蒸，在相同软烂程度下，都能减少抗氧化性的损失。比如绿豌豆，用高压锅煮 15 分钟后，氧自由基吸收能力不仅没有下降，反而有所提升，达到原来的 224%。所以，用高压锅来煲粥是健康的好选择。

7. 煲大米粥的技巧

首先往锅内倒入适量清水，待水开后倒入大米，这样，米粒里外的温度不同，更容易开花渗出淀粉质。再用旺火加热使水再沸腾，然后改文火熬煮，保持锅内沸滚但米粒和米汤不会溢出。熬煮可以加速米粒、锅壁、汤水之间的摩擦和碰撞，这样，米粒中的淀粉不断溶于水中，粥就会变得黏稠。在熬粥时应注意将锅盖盖好，避免水溶性维生素和其他营养成分随着水蒸气蒸发掉，增强口感。煮大米粥时，往往会有溢锅的现象，可在煲粥时加上 5~6 滴植物油或动物油，就能避免米粥外溢的现象。

8. 煲小米粥的诀窍

要想煲出一锅美味又营养的小米粥，其实不难，只要注意三点：一是要选择新鲜的小米，不要选择陈米，否则煲出来的小米粥口感会大打折扣；二是要注意火候和熬煮的时间，时间大概控制在一个小时即可，这样才能熬煮出小米的香味；三是在煲小米粥的时候一定要不间断地搅拌，千万不要煳底了。

9. 煲玉米粥的诀窍

玉米的营养非常丰富，含有大量蛋白质、膳食纤维、维生素、矿物质、不饱和脂肪酸、卵磷脂等，其中的烟酸对健康非常有益。但玉米中的尼克酸不是单独存在的，而是和其他物质结合在一起，很难被人体吸收。所以在煲玉米粥的时候有个小窍门——加点小苏打，这样就能使尼克酸释放出一半左右，被人体充分吸收。同时，小苏打还可帮助保留玉米中的维生素 B_1 和维生素 B_2，避免营养流失。另外，尼克酸在蛋白质、脂肪、糖的代谢过程中起着重要作用，能帮助我们维持神经系统、消化系统和皮肤的正常功能。

10. 煲黑米粥的诀窍

黑米性温，补血又补肾，补而不燥，而且不容易上火。黑米的色素中富含黄酮类活性物质，是白米的五倍之多，对预防动脉硬化很有功效。所以一直以来，黑米就被人们当成一种滋补保健品。但煮过黑米的人都知道，黑米是糙米，很难煮烂，所以一般黑米都用来熬粥。

煲黑米粥时一定要大火烧开后改小火再烧 1 小时再关火。光喝黑米粥的口感不佳，可以加入鸡蛋：将两个鸡蛋彻底搅碎后放入黑米粥中，

再到火上烧开。加了鸡蛋的黑米粥的口感就改善了许多，有了一点点的
香味，而且营养丰富，又利于消化吸收。

11. 煲粥不要放碱

　　许多人在煲粥的时候喜欢在米中加碱，因为加碱后粥煮得又快又
烂。但是这在营养学上是不科学的，因为碱会破坏米中的 B 族维生素，
这样粥的营养就会被破坏，因此煲粥最好不要放碱。

12. 煲粥不要放太多调味料

　　煲粥最好不要放大量的调味料，因为这样不仅会让粥的营养大打折
扣，而且人食用过多的调味料后会出现食欲减退等症状。

二、巧喝粥，更有营养

粥也有讲究和要注意的事项，否则会适得其反，不仅达不到养生健体的目的，反而会危害身体的健康。下面让我们一起来了解一下吧！

1. 早晨不要空腹喝粥

早晨最好不要空腹喝粥，因为淀粉经过熬煮过程会变为糊精，糊精会使血糖升高。特别是老年人，更应该避免在早晨时间段内使血糖上升太快。因此，早晨吃早餐时最好先吃一片面包或其他主食，然后再喝粥。

2. 喝粥的同时也吃点干饭

天气热的时候很多人往往没有食欲，一些本来肠胃就不太好的人则会选择稀粥当主食，觉得喝粥好消化。专家提醒，光喝稀粥并不一定利于消化，应该再吃点干饭。

当然，要想真正消化好，有一个重要的前提——细嚼慢咽，让食物与唾液充分地混合。千万不要小看唾液，它是我们消化的第一道步骤。吃干饭的时候必须经过咀嚼，唾液中有消化酶，能促使食物在胃中更易消化，而如果只是喝粥的话，稀粥里的米粒没有经过咀嚼，无法和唾液充分混合进入胃部，不利于消化。

3. 老年人不宜长期以粥为主食

从古到今，许多老年人把"老人喝粥，多福多寿"看作是养生的至理名言。的确，人老了消化系统也会渐渐衰退，适当喝粥利于消化。但是老年人并不需要天天喝粥，尤其是一天喝两三次粥，就不太合适了。原因在于：一是老年人如果长期以粥为食，会造成营养缺乏。粥的成分总的来说比较单一，其种类和营养物质含量与正餐相比起来还是偏少。

二是长期喝粥会影响唾液的分泌。谷物与水长时间混合熬煮形成食糜，几乎无须牙齿的咀嚼和唾液的帮助就会被胃肠消化。唾液有中和胃酸、修复胃黏膜的作用，喝粥的时候口腔几乎不用分泌唾液，自然也不利于保护胃黏膜。

此外，喝粥缺少咀嚼，还会加速老人咀嚼器官的退化。粥类中纤维含量较低，也不利于老年人排便。

4. 不能把粥作为婴儿的主要固体食物

有的父母会在宝宝四个月大的时候，在添加固体食物时喂宝宝一些粥。这样是可以的，但是不能把粥作为宝宝的主要固体食物。因为粥的体积大，营养密度低，以粥作为主要的固体食物必然会引起各种营养物质供给不足，造成宝宝生长发育速度减慢。

5. 八宝粥更适合大人喝

不能长期给儿童喝八宝粥，其实八宝粥更适合大人喝。"八宝粥"也叫作腊八粥，一般是以粳米和糯米为主料，然后再添加一些干果、豆类、中药材一起熬煮成的。八宝粥的原意是用八种不同的原料熬成的粥，但时至今日，许多八宝粥的原料绝不拘泥于八种。八宝粥中，各种坚果富含人体必需的脂肪酸、多种维生素及微量元素；豆类富含赖氨酸，弥补了谷类中所缺的赖氨酸；中药材具有健脾、滋补、强壮身体的作用，其合而为粥，可以充分发挥互补作用，提高蛋白质的利用率。

6. 胃病患者不宜天天喝粥

传统认为胃病患者的饮食要以稀粥为主，因为粥易消化。但胃病患者就应该天天喝粥吗？我们知道，稀粥未咀嚼就吞下，没有与唾液充分搅拌，得不到唾液中淀粉酶的初步消化，同时稀粥含水分较多，进入胃内稀释了胃液，从消化的角度讲是不利的。加之喝稀粥会使胃的容量相对增大，而所供的热量却较少，不仅在一定程度上加重了胃的负担，而且营养相对不足。因此，胃病患者并不适宜天天喝粥。

7. 夏季少喝冰粥和甜粥

在炎炎夏季，有的人喜欢喝粥店里的甜粥和冰粥。甜粥中加了不少糖，有增加白糖摄入量的危险。而冰粥经过冰镇，和其他冷食一样，有可能引起胃肠血管的收缩，影响消化吸收。所以，在炎热的夏季不要为了贪图口感和凉爽而大量喝甜粥和冰粥，还是多喝温热的粥比较好。

白菜玉米粥

材料

大白菜 30 克，玉米糁 90 克，黑芝麻少许

调料

盐 3 克，味精少许

做法

1 大白菜洗净，切丝；黑芝麻洗净。

2 锅置火上，注入清水烧沸后，边搅拌边倒入玉米糁。

3 再放入大白菜、芝麻，用小火煮至粥成，调入盐、味精入味即可。

小白菜萝卜粥

材料
小白菜30克，胡萝卜少许，大米100克

调料
盐3克，味精少许，香油适量

做法
1 小白菜洗净，切丝；胡萝卜洗净，切小块；大米泡发洗净。

2 锅置火上，注水后，放入大米，用大火煮至大米粒绽开。

3 放入胡萝卜、小白菜，用小火煮至粥成，放入盐、味精，滴入香油即可食用。

冬瓜银杏姜粥

材料

冬瓜 25 克，银杏 20 克，
姜末少许，大米 100 克，
高汤半碗

调料

盐 2 克，胡椒粉 3 克，
葱少许

做法

1 银杏去壳、皮，洗净；冬瓜去皮洗净，切块；大米
洗净，泡发；葱洗净，切花。

2 锅置火上，注入水后，放入大米、银杏，用旺火煮
至米粒完全开花。

3 再放入冬瓜、姜末，倒入高汤，改用文火煮至粥
成，调入盐、胡椒粉入味，撒上葱花即可。

香葱冬瓜粥

材料
冬瓜 40 克，大米 100 克

调料
盐 3 克，葱少许

做法
1 冬瓜去皮洗净，切块；葱洗净，切花；大米泡发洗净。

2 锅置火上，注水后，放入大米，用旺火煮至米粒绽开。

3 放入冬瓜，改用小火煮至粥浓稠，调入盐入味，撒上葱花即可。

芋头红枣蜂蜜粥

材料

芋头、红枣、玉米糁各
适量，大米 90 克

调料

白糖 5 克，葱少许，蜂蜜
适量

做法

1 大米洗净，泡发 1 小时备用；芋头去皮洗净，切小
　块；红枣去核洗净，切瓣；葱洗净，切花。

2 锅中加水，放大米、玉米糁、芋头、红枣，用大火
　煮至米粒开花。

3 再转小火煮至粥浓稠后，调入白糖调味，撒上葱花
　即可。

哈密瓜玉米粥

材料
哈密瓜、嫩玉米粒、枸杞各适量，大米 80 克

调料
冰糖 12 克，葱少许

做法
1 大米泡发洗净；哈密瓜去皮洗净，切块；玉米粒、枸杞洗净；葱洗净，切花。

2 锅置火上，注入清水，放入大米、枸杞、玉米粒用大火煮至米粒绽开后，放入哈密瓜块同煮。

3 再放入冰糖煮至粥成后，撒上葱花即可食用。

桂圆莲芡粥

材料

桂圆肉、莲子、芡实各适量，大米 100 克

调料

盐 2 克，葱少许

做法

1 大米洗净泡发；桂圆肉洗净；芡实、莲子洗净，挑去莲心；葱洗净，切圈。

2 锅置火上，注水后，放入大米、芡实、莲子，用大火煮至米粒开花。

3 再放入桂圆肉，改用小火煮至粥闻到香味时，放入盐入味，撒上葱花即可。

虾米菠菜粥

材料

大米 100 克，菠菜 30 克

调料

虾米 15 克，盐 5 克

做法

1 大米淘洗干净。

2 虾米泡水。

3 菠菜洗净，焯烫，切段。

4 锅置火上，加入适量水，煮沸，放入大米、虾米熬煮成粥。

5 待粥熟，放菠菜，加入盐调味即可。

枸杞山药瘦肉粥

材料
山药120克，猪肉100克，大米80克，枸杞15克

调料
盐3克，味精1克，葱花5克

做法
1 山药洗净，去皮，切块；猪肉洗净，切块；枸杞洗净；大米淘净，泡半小时。

2 锅中注水，下入大米、山药、枸杞，大火烧开，改中火，下猪肉，煮至猪肉变熟。

3 小火将粥熬好，加入盐、味精调味，撒上葱花即可。

羊肉生姜粥

材料
羊肉100克，生姜10克，大米80克

调料
葱花3克，盐2克，鸡精1克，胡椒粉适量

做法
1 生姜洗净，去皮，切丝；羊肉洗净，切片；大米淘净，备用。

2 大米入锅，加适量清水，旺火煮沸，下入羊肉、姜丝，转中火熬煮至米粒开花。

3 改小火，待粥熬出香味，加入盐、鸡精、胡椒粉调味，撒入葱花即可。

桂圆腰豆粥

材料
糯米 80 克，麦仁、腰豆、红豆、花生、绿豆、桂圆、莲子各适量

调料
白糖 10 克

做法
1 麦仁、腰豆、红豆、花生、绿豆、桂圆、莲子均泡发洗净，将糯米洗净。

2 锅置火上，注水后，放入糯米、麦仁、腰豆、红豆、花生、绿豆、桂圆、莲子大米煮至米豆开花。

3 改用小火煮至粥浓稠闻到香味，放入白糖调味即可食用。

猪肝青豆粥

材料

猪肝100克，青豆60克，陈大米80克，枸杞20克

调料

盐3克，鸡精1克，葱花、香油各少许

做法

1 青豆去壳，洗净；猪肝洗净，切片；陈大米淘净，泡好；枸杞洗净。

2 陈大米入锅，加水，旺火烧沸，下入青豆、枸杞，转中火熬至米
  粒开花。

3 下入猪肝，慢熬成粥，加入盐、鸡精调味，淋香油，撒上葱花即可。

鳜鱼糯米粥

材料

糯米 80 克，净鳜鱼 50 克，猪五花肉 20 克

调料

盐 3 克，味精 2 克，料酒、葱花、姜丝、枸杞、香油各适量

做法

1 糯米洗净，用清水浸泡；用料酒腌渍净鳜鱼以去腥；猪五花肉洗净后切小块，蒸熟备用。

2 锅置火上，注入清水，放入糯米煮至五成熟。

3 放入鳜鱼、猪五花肉、枸杞、姜丝煮至米粒开花，加盐、味精、香油调匀，撒葱花即可。

香葱虾米粥

材料

包菜叶、小虾米各20克，大米100克

调料

盐3克，味精2克，葱花、香油各适量

做法

1 大米洗净，放入清水中浸泡；小虾米洗净；包菜叶洗净切细丝。

2 锅置火上，注入清水，水沸后放入大米煮至七成熟。

3 放入虾米煮至米粒开花，放入包菜叶稍煮，加盐、味精、香油调匀，撒上葱花即可。

蘑菇墨鱼粥

材料

大米 80 克，墨鱼 50 克，
冬笋、猪瘦肉、蘑菇各
20 克

调料

盐、料酒、香油、胡椒粉、
葱花各适量

做法

1 大米洗净，用清水浸泡；墨鱼洗净后切麦穗状，用
料酒腌渍去腥；冬笋、猪肉洗净切片；蘑菇洗净。
大米入锅煮至五成熟。

2 放入墨鱼、猪肉熬煮至粥将熟时，再下入冬笋和蘑
菇，煮至黏稠，加盐、香油、胡椒粉调匀，撒上葱
花即可。

鲳鱼豆腐粥

材料

大米 80 克，鲳鱼 50 克，豆腐 20 克

调料

盐 3 克，味精 2 克，香菜叶、葱花、姜丝、香油各适量

做法

1 大米洗净，用清水浸泡；鲳鱼洗净后切小块，用料酒腌渍；豆腐洗净切小块。

2 锅置火上，注入清水，放入大米煮至五成熟。

3 再放入鱼肉、姜丝煮至米粒开花，加入豆腐、盐、味精、香油调匀，撒上香菜叶、葱花即可食用。

五色大米粥

材料
绿豆、红豆、白豆、玉米各 25 克，胡萝卜适量，大米 40 克

调料
白糖 3 克

做法
1 大米、绿豆、红豆、白豆均泡发洗净；玉米洗净；胡萝卜洗净，切丁。
2 锅置火上，倒入清水，放入大米、绿豆、红豆、白豆，以大火煮开。
3 加玉米、胡萝卜同煮至浓稠状，加白糖拌匀即可。

八宝银耳粥

材料

银耳、麦仁、糯米、红豆、芸豆、绿豆、花生仁各
20 克

调料

白糖 3 克

做法

1 银耳泡发洗净，择成小朵备用；麦仁、糯米、红
　豆、芸豆、绿豆、花生仁分别泡发半小时后，捞出
　沥干水分。

2 锅置火上，倒入适量清水，放入除银耳外的所有原
　材料煮至米粒开花。

3 再放入银耳同煮至粥浓稠时，调入白糖拌匀即可。

马齿苋南瓜粥

材料
马齿苋 100 克，大米 50 克，南瓜 80 克

调料
盐 2 克，大葱 5 克，植物油 20 克

做法

1 将马齿苋去杂洗净，放沸水锅中焯一下，捞出过凉水数次，切碎；南瓜洗净，切块。

2 将锅中油烧热，放入葱花煸香，再放入马齿苋、精盐，炒到入味，出锅待用。

3 将大米淘洗干净，放入锅内，加入适量水和南瓜块煮熟，再加入炒好的马齿苋，出锅盛盆即可上桌。

核桃健脑粥

材料
大米80克，核桃仁、百合、黑芝麻各适量

调料
白糖4克，葱8克

做法
1 大米泡发洗净；核桃仁、黑芝麻均洗净；百合洗净，削去黑色边缘；葱洗净，切花。

2 锅置火上，倒入清水，放入大米煮至米粒开花。

3 加入核桃仁、百合、黑芝麻同煮至浓稠状，调入白糖拌匀，撒上葱花即可。

鲜虾韭菜粥

材料

粳米和虾各 100 克，鲜韭菜 50 克

调料

姜末一大匙，盐半小匙

做法

1 粳米淘洗干净用水浸泡 15 分钟，虾洗干净去皮挑出虾线，韭菜用水洗干净切细待用 。

2 锅置火上，粳米入锅加水适量。

3 等到粥将要熟时放入虾仁、韭菜、姜末、盐煮到虾熟米烂，鲜虾韭菜粥就做好了。

双豆双米粥

材料
红豆 30 克，豌豆、胡萝卜各 20 克，玉米粒 20 克，大米 80 克

调料
白糖 5 克

做法
1 大米、红豆均泡发洗净；玉米粒、豌豆均洗净；胡萝卜洗净，切丁。

2 锅置火上，倒入清水，放入大米与红豆，以大火煮开。

3 加入玉米粒、豌豆、胡萝卜同煮至浓稠状，调入白糖即可。

板栗桂圆粥

材料

板栗肉、桂圆肉、腰果各
20 克，粳米 100 克

调料

白糖 6 克，葱少许

做法

1 板栗肉、桂圆肉洗净，腰果泡发洗净，粳米泡发洗净。

2 锅置火上，注入清水后，放入粳米，用大火煮至米粒开花。

3 放入板栗肉、桂圆肉、腰果，用中火煮至粥熟，调入白糖入味，撒上葱花即可。

黑米黑豆莲子粥

材料
糙米 40 克，燕麦 30 克，黑米、黑豆、红豆、莲子各 20 克

调料
白糖 5 克

做法

1 糙米、黑米、黑豆、红豆、燕麦均洗净，泡发；莲子洗净，泡发后，挑去莲心。

2 锅置火上，加入适量清水，放入糙米、黑豆、黑米、红豆、莲子、燕麦，开大火煮沸。

3 最后转小火煮至各材料均熟，粥呈浓稠状时，调入白糖拌匀即可。

白菜薏米粥

材料
大米、薏米各40克，芹菜、白菜各适量

调料
盐2克

做法
1 大米、薏米均泡发洗净，芹菜、白菜均洗净，切碎。

2 锅置火上，倒入清水，放入大米、薏米煮至开花。

3 待煮至浓稠状时，加入芹菜、白菜稍煮，调入盐拌匀即可。

蔬菜蛋白粥

材料
白菜、鲜香菇各 20 克，
咸蛋白 1 个，大米、糯米
各 50 克

调料
盐 1 克，葱花、香油各
适量

做法
1 大米、糯米洗净，用清水浸泡半小时；白菜、鲜香菇洗净，切丝；咸蛋白切块。

2 锅置火上，注入清水，放入大米、糯米煮至八成熟。

3 放入鲜香菇、咸蛋白煮至粥将熟，放入白菜稍煮，待黏稠时，加盐、香油调匀，撒上葱花即可。

豆腐杏仁花生粥

材料

豆腐、南杏仁、花生仁各 20 克，大米 110 克

调料

盐 2 克，味精、葱花各 1 克

做法

1 南杏仁、花生仁洗净；豆腐洗净，切小块；大米洗净，泡发半小时。

2 锅置火上，注水后，放入大米用大火煮至米粒开花。

3 放入南杏仁、豆腐、花生仁，改用小火煮至粥浓稠时，加入盐、味精调味，撒入葱花即可。

银耳玉米沙参粥

材料

银耳、玉米粒、沙参各适量，大米100克

调料

盐3克，葱少许

做法

1 玉米粒洗净；沙参洗净；银耳泡发洗净，择成小朵；大米洗净；葱
  洗净，切花。

2 锅置火上，注水后，放入大米、玉米粒，用旺火煮至米粒完全绽开。

3 放入沙参、银耳，用文火煮至粥熟，闻到香味时，放入盐调味，撒
  上葱花即可。

第三章 ●

中式糕点，
吃出传统文化

制作中式面点的常用工具

制作中式面点怎么能少得了工具呢？工具可谓是制作中式面点的关键，通过这几样小小的工具，我们就能灵活地运用材料做出变化多样的点心。作为初学者，可能对于制作中式面点所需要的工具不太了解，对其基本功能也知之甚少。为此，我们特地介绍一下制作中式面点的常用工具。

1 电磁炉

电磁炉是利用电磁感应加热原理制成的电气烹饪器具。在加热过程中没有明火，因此安全、卫生。电磁炉本身很好清理，没有烟熏火燎的现象。同时，电磁炉不会像煤气那样，易泄露，也不产生明火，不会成为事故的诱因。此外，它本身设有多重安全防护措施，包括炉体倾斜断电、超时断电、过流、过压、欠压保护、使用不当自动停机等功能，即使有时汤汁外溢，也不存在煤气灶熄火跑气的危险，使用起来省心。在蒸煮糕点的时候，只要我们设定好时间，就可以放心地蒸煮了，完全不用担心出现蒸煮时间不足或过长等状况，相当省时、好用。

2 蒸笼

制作中式点心及蒸菜，不免要用到蒸笼。蒸笼的大小视家庭的需要而定，有竹编的、木制的、铝制的及不锈钢制的等，又可分为圆、方两种形态，还可分大、中、小多种型号，其中以竹编的和铝制的最常见。传统的竹编蒸笼，水蒸气能适当地蒸发，不易积水气、不易滴水，但清洗时较不方便，且需晒干后才能收藏。蒸笼的使用，是将底锅或垫锅先盛半锅水，烧开，再将装有点心的蒸笼放入，以大火蒸之，中途如需加水应加热水，才不致影响菜肴的品质，可重叠多层同时使用。

3 刮板

刮板是用胶质材料做成的，一般用来搅拌面糊等液态材料，因为它本身比较柔软，所以也可以把粘在器具上的材料刮干净。还有一种耐高温的橡皮刮刀，可以用来搅拌热的液态材料。用橡皮刮刀搅拌加入面粉的材料时，注意不要用力过度，也不要用画圈的方式搅拌面糊，而是要用切拌的方法，以免面粉出筋。

4 擀面杖

擀面用的木棍儿，是中国很古老的一种用来压制面条的工具，一直流传至今，多为木制，用其碾压面饼，直至压薄，是制作面条、饺子皮、面饼等不可缺少的工具。在选择时最好选择木质结实、表面光滑的擀面杖，尺寸依据平时用量选择。

中式面点的分类和制作特点

中式面点指源于我国的点心，简称"中点"，它是以各种粮食、畜禽、鱼、虾、蛋、乳、蔬菜、果品等为原料，再配以多种调味品，经过加工制作而成。

1 中式面点的分类

我国的中式面点种类多样，总的来说，中式面点按其特点可分为8类：

酥皮类

用筋性面团包油酥，多层折叠成皮料。大多包馅后成型、焙烤制成，如京八件、苏式月饼、潮州老婆饼、牛舌饼等。

浆皮类

用糖浆和面，经包馅、成型、焙烤制成，如提浆月饼、双麻月饼。

混糖皮类

用糖粉和面，经包馅、成型、焙烤制成，如广式月饼。

饼干类

为手工制作糕点式饼干。油、糖、面、水混合一起，擀片成型、焙烤制成，如高桥薄脆、麻香饼。

酥类

用高油、糖和面，印刷切块成型、焙烤制成，如杏仁酥、糖酥。

蛋糕类

用蛋量大，加入糖、面，搅打成糊，浇模成型，焙烤或蒸制，如方糕。

油炸类

调制成型后以油炸熟制，如排叉、麻花、萨其玛等。

其他类

凡配料、加工、熟制方法不同于前 7 种的中式面点均属此类，如绿豆糕、元宵、各种糕团等。

2 中式面点的制作特点

中式面点种类多样又味美，在制作上主要可以概括为以下两点：

选料精细，花样繁多

中点的选料相当精细，只有将原料选择好了，才能制出高质量的面点。同时中式面点花样繁多，具体表现在下列方面：

①因不同馅心而形成品种多样化。如鲜肉包、菜肉包、豆沙包、水晶包等。

②因不同用料而形成品种多样化。如麦类制品中有面条、蒸饺、锅贴、馒头等。

③因不同成型方法而形成品种多样化。如

包法可形成小花包、烧卖等，捏法可形成鸳鸯饺、四喜饺等。

讲究馅心，注重口味

馅心的好坏对制品的色、香、味、形、质有很大的影响。讲究馅心，具体体现在下列方面：

①馅心用料广泛。馅料有肉、鱼、虾、蛋、乳、蔬菜、果品等，种类丰富多样。

②精选用料，精心制作。馅心的原料一般都选择品质最好的部位。

③成型技法多样，造型美观。面点通过各种技法可形成各种各样的形态，造型美观逼真。

面点成型法

成型就是将调制好的面团制成各种不同形状的面点半成品。成型后再经制熟才能称为面点制品。成型是面点制作中技艺性较强的一道工序，成型的好坏与否将直接影响面点制品的外观形态。面点制品的花色很多，成型的方法也多种多样，大体可分为擀、按、卷、包、切、摊、捏、镶嵌、叠、模具成型等诸多手法。

擀是面点成型前大多要经过的基本技术工序，也可作为制作饼类制品的直接手法。中式面点中的饼类在成型时并不复杂，它们只需要用擀面杖擀制成规定的要求即可。在制饼时，首先将面剂按扁，再用擀面杖擀成大片，刷油、撒盐。然后再重叠成卷成筒形，封住剂口，最后擀成所需要的形状。

按就是将制品生坯用手按扁压圆的一种成型方法。按又分为两种：一种是用手掌根部按；另一种是用手指按（将食指、中指和无名指三指并拢）。这种成型方法多用于形体较小的包馅饼种，如馅饼、烧饼等，包好馅后，用手一按即成。按的方法比较简单，比擀的效率高，但要求制品外形平整而圆、大小合适，馅心分布均匀、不破皮、不露馅、手法轻巧等。

卷是面点成型的一种常见方法，卷可分为两种：一种是从两头向中间卷然后切剂，这样的卷剂为双螺旋式，我们称之为"双卷"，可适用于制作鸳鸯卷、蝴蝶卷、四喜卷、如意卷等；另一种是从一头一直向另一头卷起成圆筒状，这种卷可称为"单卷"，适用于制作蛋卷、普通花卷等。无论是单卷还是双卷，在卷之前都是事先将面团擀成大薄片，然后刷油（起分层作用）、撒盐、铺馅，最后再按制品的不同要求卷起。卷好后的筒状较粗，一般要根据品种的要求，将剂条搓细，然后再用刀切成面剂即可使用。

包是将馅心包入坯皮内，使制品成型的一种手法。包的方法很多，一般可分为无缝包、卷边包、捏边包和提褶包等。

切的方法多用于北方的面条（刀切面）和南方的糕点。北方的面条是先擀成大薄片，再叠起，然后切成条形。南方的糕点往往是先制熟，待出炉稍冷却后再切制成型。切可分为手工切和机械切两种。手工切可适于小批量生产，如小刀面、过桥面等；机械切适于大批量生产，特点是劳动强度小、速度快。但是，制品的韧性和咬劲远不如手工切。

摊是用较稀的水调面在烧热的铁锅上平摊成型的一种方法。摊的要点是：将稀软的水调面用力打搅上劲。摊时的火候要适中，平锅要洁净，每摊完一张要刷一次油，摊的速度要快，要摊匀、摊圆，保证大小一致，不出现砂眼、破洞。

捏是以包为基础并配以其他动作来完成的一种综合性成型方法。捏的难度较大，技术要领强，捏出来的点心造型别致、优雅，具有较高的艺术性，所以这类点心一般用于中、高档筵席。筵席中常见的木鱼饺、月牙饺、冠顶饺、鸳鸯饺、四喜饺、蝴蝶饺、金鱼饺及部分油酥制品、苏州船点等均是用捏的手法来成型的。

捏可分为挤捏（木鱼饺就是双手挤捏而成）、推捏（月牙饺就是用右手的大拇指和食指推捏而成）、叠捏（冠顶饺就是将圆皮先叠成三边形，翻身后加馅再捏而成）、扭捏（青菜饺就是先包馅再上拢，再按顺时针方向把每边扭捏到另一相邻的边上去而成型的）。另外还有花捏、褶捏等多种多样的捏法。

捏法主要讲究的是造型。捏什么品种，关键在于捏得像不像，尤其是苏州船点中的动物、花卉、鸟类等，不仅色彩要搭配得当，更重要的是形态要逼真。

镶嵌是把辅助原料嵌入生坯或半成品上的一种方法，如米糕、枣饼、百果年糕、松子茶糕、果子面包、夹沙糕、三色拉糕、八宝饭等，都是采用此法成型的。用这种方法成型的品种，不再是原来的单调形态和色彩，而是更为鲜艳、美观，尤其是有些品种镶嵌上红、绿丝等。不仅色泽较雅丽，而且也能调和品种本色的单一化。镶嵌物可随意摆放，但更多的是拼摆成有图案的几何造型。

详解八大发面技巧

1 选对发酵剂

发面用的发酵剂一般都用干酵母粉。它的工作原理是：在合适的条件下，发酵剂在面团中产生二氧化碳气体，再通过受热膨胀使得面团变得松软可口。

活性干酵母（酵母粉）是一种天然的酵母菌提取物，它不仅营养成分丰富，更可贵的是，它含有丰富的维生素和矿物质，且对面粉中的维生素还有保护作用。不仅如此，酵母菌在繁殖过程中还能增加面团中的 B 族维生素。所以，用它发酵制作出的面食成品要比未经发酵的面食（如饼、面条等）营养价值高出好几倍。

酵母的发酵力是酵母质量的重要指标。在面团发酵时，酵母发酵力的高低对面团发酵的质量有很大影响。如果使用发酵力低的酵母发酵，将会引起面团发酵迟缓，容易造成面团涨润度不足，影响面团发酵的质量。所以要求一般酵母的发酵力在 650 克以上，活性干酵母的发酵力在600 克以上。

2 发酵粉的用量宜多不宜少

在面团发酵过程中，发酵力相等的酵母，用在同品种、同条件下进行面团发酵时，如果增加酵母的用量，可以促进面团发酵速度。反之，如果降低酵母的用量，面团发酵速度就会显著地减慢。所以在面团发酵时，可以用增加或减少酵母的用量来适应面团发酵工艺要求。

对于面食新手来说，发酵粉宜多不宜少，能保证发面的成功率。发酵粉是天然物质，用多了也不会造成不好的结果，只会提高发酵的速度。

3 活化酵母菌对新手比较重要

对于新手来说，酵母的用量多少和混合不均匀等问题，会对发面结果产生一些影响。所以，建议新手先活化酵母菌：适量的酵母粉放入容器中，加30℃左右的温水（和面全部用水量的一半左右即可，别太少。如果图省事，全部水量也没问题）。将其搅拌至溶化，静置3～5分钟后使用。这就是活化酵母菌的过程。然后再将酵母菌溶液倒入面粉中搅拌均匀。

4 和面的水温要掌握好

温度是影响酵母发酵的重要因素。酵母在面团发酵过程中要求有一定的温度，一般控制在25℃～30℃。如果温度过低就会影响发酵速度。温度过高，虽然可以缩短发酵时间，但会给杂菌生长创造有利条件，而影响产品质量。例如，醋酸菌最适温度35℃，乳酸菌最适温度是37℃，这两种菌生长繁殖快了会提高面包酸度，降低成品质量。所以，面团发酵时温度最好控制在25℃～28℃，高于30℃或工艺条件掌握不好，都容易出质量问题。

但很多朋友家里没食用温度计怎么办？用手来感觉吧。别让你的手感觉出烫来就行。特别提示：用手背来测水温。就算是在夏天，也建议用温水。

5 面粉和水的比例要适当

面粉、水量的比例对发面很重要。那么什么比例合适呢？大致的比例是：500 克面粉，用水量不能低于 250 克。当然，无论是做馒头还是蒸包子，你完全可以根据自己的需要和饮食习惯来调节面团的软硬程度。

酵母在繁殖过程中，一定范围内，面团中含水量越高，酵母芽孢增长越快，反之，则越慢。

所以，面团调得软一些，有助于酵母芽孢增长，加快发酵速度。正常情况下，较软的面团容易被二氧化碳气体所膨胀，因而发酵速度加快，较硬的面团则对气体膨胀力的抵抗能力强，从而使面团发酵速度受到抑制。所以适当地提高面团加水量对面团发酵是有利的。

同时也要注意，不同的面粉吸湿性是不同的，还是要灵活运用。

6 面团要揉光滑

面粉与酵母、清水拌匀后，要充分揉面，尽量让面粉与清水充分结合。面团揉好的直观形象就是：面团表面光滑滋润。水量太少揉不动，水量太多会沾手。

7 保证适宜的温湿度

一般发酵的最佳环境温度为 30℃～35℃，最好别超过 40℃。湿度在 70%～75% 之间，这个数据下的环境是最利于面团发酵的。温度太低，因酵母活性较弱而减慢发酵速度，延长了发酵所需时间；温度过高，则发酵速度过快。湿度低于 70%，面团表面由于水分蒸发过多而结皮，不但影响发酵，而且影响成品质量。适于面团发酵的相对湿度，应等于或高于面团的实际含水量，即面粉本身的含水量（14%）加上搅拌时加入的水量（60％）。面团在发酵后温度会升高 4℃ ~ 6℃。若面团温度低些，可适当增加酵母用量，以提高发酵速度。

8 别忘了二次发酵

①糖的使用量为 5% ~ 7% 时产气能力大，超过这个范围，糖量越多，发酵能力越受抑制，但产气的持续时间长，此时要注意添加氮源和无机盐。

②盐能抑制酶的活性。因此，盐添加量越多，酵母的产气能力越受到限制。但盐可增强面筋筋力，使面团的稳定性增大。添加少许盐，能缩短发酵时间，还能让成品更松软。

③添加少许牛奶，可以提高成品品质。乳制品的缓冲作用，能使面团的 pH 值下降缓慢。但在多糖且含有乳酸菌的面团中，乳酸菌生成迅速，使持气能力下降。

④添加少许鸡蛋液，不仅能增加营养，而且蛋的 pH 值较高，蛋白具有缓冲作用和乳化作用，可增强面团的稳定性。

⑤添加少许醪糟，能协助发酵并增添成品香气。

⑥添加少许蜂蜜，可以加速发酵进程。

蛋黄莲蓉酥

材料
油酥皮 80 克, 咸蛋黄 4 个,
莲蓉 40 克

调料
蛋液 15 克

做法

1 莲蓉搓成条状，切成 10 克 / 个的小剂子。

2 将莲蓉按扁，包入咸蛋黄。

3 取一张油酥皮，放入莲蓉馅。

4 包起，捏紧剂口。

5 刷上一层蛋液。

6 放入烤箱中。

7 上炉烤 25 分钟左右。

8 取出摆盘即可。

豆沙扭酥

材料

豆沙 250 克，面团、酥面各 125 克

调料

鸡蛋黄 1 个

做法

1 将面团擀薄，酥面擀成面片一半的大小。

2 将酥面片放在面片上，对折起来后擀薄。

3 再次对折起来擀薄。

4 将豆沙擀成面片一半大小，放在面片上对折轻压一下。

5 切成条形。拉住两头旋转，扭成麻花形。

6 均匀扫上一层蛋黄液。

7 放入烤箱中烤 10 分钟，取出即可。

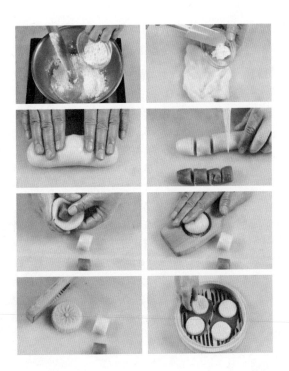

甘笋豆沙晶饼

材料

澄面 250 克，淀粉 75 克，
豆沙馅 100 克，甘笋汁
200 克

调料

糖 75 克，猪油 50 克

做法

1 将清水、甘笋汁、糖煮开，加入淀粉、澄面。

2 烫熟后倒出放在案板上，搓匀后加入猪油。

3 再搓至面团纯滑。

4 分切成 30 克 / 个的小面团。

5 将皮压薄包入豆沙馅。

6 收紧包口，压入饼模。

7 然后将饼坯脱模。

8 均匀排入蒸笼，用猛火蒸约 6 分钟即可。

天天向上酥

材料

面粉 1000 克，猪油 400 克，鲜虾适量，鸡蛋 1 个

调料

白糖 15 克

做法

1 油心部分混合。

2 拌匀搓至面团纯滑备用。

3 水皮部分开窝，拌入其余材料。

4 将面粉拌入再搓至面团纯滑。

5 用保鲜膜包好面团，松弛 30 分钟。

6 将水皮面团擀开，包入擀开的油心面团。

7 擀成长圆形，折三折，松弛后继续擀开折叠。

8 静置 1 小时后用擀面杖将皮擀薄。

9 用切膜压出酥坯。

10 用稍小的切膜压出酥坯，去掉实心的部分。

11 酥坯扫上蛋液后将空心的酥坯放在表面对齐。

12 入炉烘烤至金黄，待凉后放上烫过的白灼虾装饰即可。

雪花团子

材料

大米 800 克，糯米 200 克

调料

绵白糖 250 克

做法

1 大米、糯米各泡 4 ~ 8 小时，洗净，沥干水分；大
  米加 900 毫升水磨浆，入布袋挤干；糯米放入盆内。

2 200 克大米粉制饼，煮熟后加入未煮的粉子揉匀，择
  成 20 个剂子，搓成上尖下圆的宝塔状，加入糯米。

3 笼内铺上干净的布，蒸 1 小时，趁热撒上绵白糖即可。

菠菜奶黄晶饼

材料

澄面 250 克，淀粉 75 克，
奶黄馅 100 克，菠菜汁
200 克

调料

糖 75 克，猪油 50 克

做法

1 清水、菠菜汁、糖煮开加入淀粉、澄面。

2 烫熟后倒出放在案板上，搓匀后加入猪油，再搓至
面团纯滑，分切成约 30 克 / 个的小面团。

3 包入奶黄馅，然后压入饼模成型，脱模后排入蒸
笼，用猛火蒸约 8 分钟。

桃酥

材料

熟面粉 500 克，熟芝麻、熟花生米各 60 克，鸡蛋 1 个

调料

糖粉 400 克，植物油 150 克，发酵粉 50 克，小苏打 20 克

做法

1 熟花生去衣，与熟芝麻一起碾成碎屑。

2 面粉过筛，加入花生碎、芝麻碎拌匀，加糖粉、鲜蛋、油、小苏打、发酵粉、清水揉成面团。

3 分为若干剂子，搓圆压扁成桃酥坯。

4 烤箱预热 150℃，放入桃酥坯，烤至表面金黄微凸即可。

贝壳酥

材料
面粉350克，可可粉15克，蛋液50克

调料
白糖50克

做法
1 面粉加油、白糖搓成面团；取面粉加油、白糖、水和成水油酥面团，醒透揉匀。剩余面粉加入油、水、可可粉和成可可水油面团。

2 面团饧透，用水油面包入干油酥、可可水油面团，收口朝上，擀薄皮。

3 在薄片中间刷上一层蛋液，叠制成贝壳形生坯，入烤箱烤至金黄色后取出即可。

月亮酥

材料
面粉、熟咸蛋黄、豆沙馅各适量

调料
白糖适量

做法
1 咸蛋黄用豆沙包好。

2 面粉加水、白糖调匀成面糊，再下成小剂子，用擀面杖擀薄，包入豆沙馅，做成球形生坯。

3 将生坯刷上一层蛋液，入烤箱烤熟，取出切开即可。

菊花酥

材料
面粉 340 克，莲蓉适量

调料
白糖 15 克，猪油 140 克

做法
1 面粉开窝，加入白糖、猪油，搓至面团纯滑。

2 用保鲜膜将搓好的面团包好，松弛静置半小时。

3 面粉和猪油混合拌匀，用刮板堆叠搓。

4 搓至面团纯滑后用保鲜膜包好松弛。

5 将松弛好的水皮、油心分割成 3 : 2 的比例。

6 将水皮擀开包入油心。

7 再对角擀开，擀成圆薄形松弛。

8 将莲蓉馅分割。

9 用酥皮包馅，收口捏紧后擀薄。

10 对折后用力斜切离中心 1/3 处。

11 将分切的部分转过来，成正面，刷上蛋液。

12 入炉烤至金黄色熟透后，出炉即可。

莲藕酥

材料

中筋面粉、低筋面粉、莲蓉馅各 200 克，鸡蛋液、油各适量，烤紫菜
1 张

做法

1 低筋面粉加入油搓成干油酥面团；中筋面粉加入油及温水和成水油
   酥面团，醒透揉匀。

2 干油酥面团包入水油酥面团，擀长方形，叠三层，擀长方形，分小
   份，刷蛋液摞起来，切剂子。

3 包入莲蓉馅，卷成圆筒形，再捏成长方形。将烤紫菜切成细长条，
   系在长方的两端，制成莲藕状，炸熟即可。

一品酥

材料

黑糯米 150 克

调料

红糖 10 克，脆浆适量

做法

1 黑糯米淘净，打成米浆，用布袋吊着沥水后备用。

2 红糖加水拌好，然后加入沥好水的浆中，然后充分
　揉匀，静置半小时。

3 分别取适量米浆拍扁，裹上脆浆，入油锅中浸炸。

4 至表面变脆，捞起待凉，切成整齐的长方形条状，
　码好即可。

皮蛋酥

材料

皮：中筋面粉250克，猪油70克，细糖40克，全蛋50克

油酥：猪油65克，低筋面粉130克

馅：莲蓉、苏姜各适量，皮蛋1个

做法

1 中筋面粉过筛开窝，中间加入细糖、猪油、全蛋、清水。

2 拌匀后，将粉拌入搓成纯滑面团。

3 保鲜膜包起松弛备用。

4 油心部材料混合拌匀备用。

5 将水皮油心按3:2比例切成小面团。

6 用水皮包入油酥，擀开后卷成条。

7 折起成三折。

8 然后再擀成圆薄酥皮备用。

9 莲蓉加入苏姜碎拌匀，分切小件。

10 用圆薄酥皮将莲蓉、苏姜包入，再在中间加入皮蛋粒。

11 将口包起收捏紧，压成鹅蛋形。

12 刷蛋黄，撒上芝麻装饰，入炉以上火180℃、下火150℃烘成金黄色熟透即可。

蜜制蜂糕

材料

黏米粉 250 克，牛奶 50
克，蜂蜜 20 克，圣女果
片 10 克，鸡蛋 2 个

调料

白糖 20 克

做法

1 取大碗，放黏米粉、白糖、牛奶、蜂蜜，加水搅均
匀；取小碗，打入鸡蛋，加油搅匀。

2 将小碗的蛋油混合物缓缓加入大碗中，并搅拌均
匀，倒入菱形模具中。

3 静置发酵 1 个小时，然后放入蒸笼中，用旺火蒸
熟，出笼，取出模具，放上圣女果片装饰即可。

玉米金糕

材料

嫩玉米粒、面粉、米粉、
玉米粉各50克，吉士粉、
泡打粉各10克

调料

白糖20克

做法

1 嫩玉米粒洗净。

2 将玉米粒、面粉、米粉、玉米粉、吉士粉、泡打粉、白糖和匀成面团，发酵片刻。

3 将面团分装入菊花模型中，上笼用旺火蒸熟即可。

肉松芝麻酥

材料
低筋面粉 300 克，黄油 220 克，牛奶 150 毫升

调料
糖 50 克，植物油 20 克，鸡蛋液、猪肉松、芝麻各 10 克

做法
1 黄油 200 克切成片，置于保鲜袋内，擀薄片。

2 剩余黄油切丁，和低筋面粉、牛奶、糖揉匀，冷藏 20 分钟，擀为长黄油片 2 倍的面皮；黄油包入面皮擀长，两端向中对折，冷藏 20 分钟，擀折冷藏，重复 2 次；面皮擀平，切长剂子，涂蛋液，撒上芝麻、猪肉松。

3 烤箱预热 200℃，烤 20 分钟即可。

山药红豆糕

材料

山药 100 克，面粉 50 克，红豆沙 160 克，山楂果酱适量

调料

白糖 15 克

做法

1 山药洗净，入锅蒸熟，去皮后碾压成山药泥。

2 将面粉、水、白糖加入山药泥中搅匀，导入方形模具中，用勺子压平。

3 将模具倒扣在烤盘上，用手敲几下，很轻松地就可以拿下来，入烤箱烤熟，取出放凉。

4 将烤好的山药饼切成小方块，取一块抹上红豆沙修正，再加盖另一块饼，装饰上山楂酱即可。

果脯煎软糕

材料
糯米粉 300 克，豌豆、红枣、葡萄干各适量

调料
白糖 20 克

做法
1 豌豆、红枣、葡萄干分别洗净。

2 糯米粉加水、白糖调和均匀，下入洗净的豌豆、红枣、葡萄干拌匀。

3 放入蒸锅蒸好取出，晾凉后切块，入油锅稍煎至两面微黄即可。

脆皮马蹄糕

材料

马蹄、椰汁、三花淡奶、
马蹄粉各适量

调料

芝麻适量，白糖 15 克

做法

1 马蹄洗净去皮后拍碎。

2 将马蹄粉和适量水调匀成粉浆，平均分为两份备用。

3 将白糖倒入锅中，加水烧开，入椰汁及三花淡奶，改小火，倒入粉浆，搅拌成稀糊状，加马蹄搅匀，再注入余下的粉浆搅匀，倒入糕盆内，隔沸水用猛火蒸 40 分钟，取出粘上芝麻，再下入油锅中炸熟即可。

芋头西米糕

材料

西米 150 克，芋头油 20 毫升

调料

鱼胶粉 20 克，白糖 10 克

做法

1 将鱼胶粉和白糖倒入碗内，再加入芋头油。

2 用打蛋器搅拌均匀，做成香芋水。

3 取一模具，内加入少许泡好的西米，再把拌好的香芋水倒入其中，然后放入冰箱中，凝固即可。

清香绿茶糕

材料
绿茶粉 20 克

调料
白糖 30 克，鱼胶粉 20 克

做法

1 将所有材料放入碗中，再加入适量开水，用打蛋器搅拌均匀，倒入模具中。

2 将拌好的绿茶水倒入模具中，再放入冰箱，冻至凝固即可。

蜂巢糕

材料

面粉 30 克，泡打粉、可可粉、黄糖粉、蜂花糖浆各
5 克

做法

1 将所有材料放入碗中，加入适量清水，一起拌匀。

2 将拌好的材料倒入模具内。

3 再上笼蒸 6 分钟，至熟即可。

海棠酥

材料

水油面团 300 克，干油酥面团 200 克

调料

植物油 30 克，红色面团、绿豆馅各 200 克

做法

1 将水油面团和干油酥面团稍醒一会儿，备用。

2 把水油面团和干油酥面团分别下成大小均匀的 20 个剂。

3 水油面团中包入干油酥面团后擀叠 2 次，再擀叠成圆饼，包入绿豆馅。

4 把面皮捏出五角形。

5 捏紧，逐一做成海棠酥生坯。然后把红色面团做成小圆球，放在海棠酥生坯的中间，做花心。

6 平底锅内加生油，用温热油将生坯炸至乳白色，盛出即可。

西杏饼干

材料

松皮 250 克，西杏片 50 克

调料

可可粉、班兰叶汁各 20 克

做法

1 将松皮分成两份，一份与西杏片、可可粉混合，另一份加入班兰叶汁。

2 搓匀后，将加入班兰叶汁的皮擀成长方形。

3 另一份搓成长条形，放在班兰叶皮上，卷起圆柱。

4 切厚 2 厘米的饼，用温度 230℃烤 15 分钟后，收火至 150℃，烤 10 分钟即可。

秘制香酥卷

材料
面粉 200 克，鸡蛋 1 个

调料
白芝麻、糖、麻油各 20 克

做法

1 将鸡蛋打入面粉中，加入适量水搅拌成絮状，再加
　入糖、麻油揉成面团。

2 将面团分成三份，用擀面杖擀扁，然后卷起，两端
　蘸上白芝麻，再放入烤箱烤 30 分钟。

3 取出排于盘中即可。

香酥芋泥卷

材料
芋头 50 克，面粉、熟猪油、酵母粉各适量

调料
白砂糖适量

做法
1 芋头去皮，切圆片，蒸熟，取出捣碎成泥。
2 面粉中加白砂糖、酵母粉和成面团，再加入熟猪油，继续揉至面团表面均匀光滑，静置 20 分钟。
3 将面团做成小剂子，将每等份面剂用擀面杖擀成薄皮，再包入芋头泥，拍扁成长方形状炸至金黄起酥即可。

麦香糍粑

材料

麦片 35 克，糯米粉 150 克

调料

白糖 25 克

做法

1 糯米粉加白糖、温水一起揉匀，分别揉成圆球备用。

2 锅置火上，烧开水，将糯米团蒸熟成糍粑。

3 取出，在盘里撒上麦片，使糍粑均匀粘上即可。

附录：中华美食炮制方法入门

烹饪过程中用到的烹饪方法有很多，如熘、炒、蒸、煮、炸等，掌握了这些烹饪方法，我们可以根据食材的特性，选择适合食材的烹饪方法，这样既可以让营养更丰富，也可以让味道更鲜美。下面的文字将教你常用烹饪方法的操作要领，让你能够运用自如。

拌

拌是一种常用的冷菜烹饪方法，操作时把生的原料或晾凉的熟料切成小的丝、条、片、丁、块等形状，再加上各种调味料，拌匀即可。

1 将原材料洗净，根据其属性切成丝、条、片、丁或块，放入盘中。

2 原材料放入沸水中焯烫一下捞出，再放入凉开水中凉透，控净水，入盘。

3 将蒜、葱等洗净，并添加盐、醋、香油等调味料，浇在盘内菜上，拌匀即成。

腌

腌是一种冷菜烹饪方法，是指将原材料放在调味卤汁中浸渍，或者用调味品涂抹、拌和原材料，使其部分水分排出，从而使味汁渗入其中。

1 将原材料洗净，控干水分，根据其属性切成丝、条、片、丁或块。

2 锅中加卤汁调味料煮开，凉后倒入容器中。将原料放入容器中密封，腌7~10天即可。

3 食用时可依个人口味加入辣椒油、白糖、味精等调味料。

卤

卤是一种冷菜烹饪方法，指经加工处理的大块或完整原料，放入调好的卤汁中加热煮熟，使卤汁的鲜香滋味渗透进原材料的烹饪方法。调好的卤汁可长期使用，而且越用越香。

1将原材料洗净，入沸水中余烫以排污除味，捞出后控干水分。　2将原材料放入卤水中，小火慢卤，使其充分入味，卤好后取出，晾凉。　3将卤好晾凉的原材料放入容器中，加入蒜蓉、味精、酱油等调味料拌匀，装盘即可。

炒

炒是最常用的一种热菜烹调方法，以油为主要导热体，将小型原料用中火或旺火在较短时间内加热成熟，调味成菜的一种烹饪方法。

1将原材料洗净，切好备用。　2锅烧热，加底油，用葱、姜末炝锅。　3放入加工成丝、片、块状的原材料，直接用旺火翻炒至熟，调味装盘即可。

熘

熘是一种热菜烹饪方法，在烹调中应用较广。它是先把原料经油炸或蒸煮、滑油等预热加工使成熟，然后再把成熟的原料放入调制好的卤汁中搅拌，或把卤汁浇在成熟的原料上。

1将原材料洗净，切好备用。　2将原材料经油炸或滑油等预热加工使成熟。　3将调制好的卤汁放入成熟的原材料中搅拌，装盘即可。

烧

　　烧是烹调中国菜肴的一种常用技法，其先将主料进行一次或两次以上的预热处理之后，放入汤中调味，大火烧开后小火烧至入味，再用大火收汁成菜。

1将原料洗净，切好备用。　2将原料放锅中加水烧开，加调味料，改用小火烧至入味。　3用大火收汁，调味后，起锅装盘即可。

焖

　　焖是从烧演变而来的，是将加工处理后的原料放入锅中，加适量的汤水和调料，盖紧锅盖烧开后改用小火进行较长时间的加热，待原料酥软入味后，留少量味汁成菜的烹饪方法。

1将原材料洗净，切好备用。　2将原材料与调味料一起炒出香味后，倒入汤汁。　3盖紧锅盖，改中小火焖至熟软后改大火收汁，装盘即可。

蒸

蒸是一种重要的烹调方法，其原理是将原料放在容器中，以蒸汽加热，使调好味的原料成熟或酥烂入味。其特点是保留了菜肴的原形、原汁、原味。

1 将原材料洗净，切好备用。 2 将原材料用调味料调好味，摆于盘中。 3 将其放入蒸锅，用旺火蒸熟后取出即可。

烤

烤是将加工处理好或腌渍入味的原料置于烤具内部，用明火、暗火等产生的热辐射进行加热的技法总称。其特点是原料经烘烤后，表层水分散发，产生松脆的表面和焦香的滋味。

1 将原材料洗净，切好备用。 2 将原材料腌渍入味，放在烤盘上，淋上少许油。 3 最后放入烤箱，待其烤熟，取出装盘即可。

煎

一般日常所说的煎，是指先把锅烧热，再以凉油涮锅，留少量底油，放入原料，先煎一面上色，再煎另一面。煎时要不停地晃动锅，以使原料受热均匀，色泽一致，使其熟透，食物表面会呈金黄色乃至微糊。

1将原材料洗净。

2锅烧热，倒入少许油，放入原材料。

3煎至食材熟透，装盘即可。

炸

炸是油锅加热后，放入原料，以食油为介质，使其成熟的一种烹饪方法。采用这种方法烹饪的原料，一般要间隔炸两次才能酥脆。炸制菜肴的特点是香、酥、脆、嫩。

1将原材料洗净，切好备用。

2将原材料腌渍入味或用水淀粉搅拌均匀。

3锅下油烧热，放入原材料炸至焦黄，捞出控油，装盘即可。

炖

炖是指将原材料加入汤水及调味品，先用旺火烧沸，然后转成中小火，长时间烧煮的烹调方法。炖出来的汤的特点是：滋味鲜浓、香气醇厚。

1将原材料洗净，切好，入沸水锅中余烫。

2锅中加适量清水，放入原材料，大火烧开，再改用小火慢慢炖至酥烂。

3最后加入调味料即可。

操作要点

1.大多原材料在炖时不能先放咸味调味品，特别不能放盐，因为盐的渗透作用会严重影响原材料的酥烂，延长加热时间。

2.炖时，先用旺火煮沸，撇去泡沫，再用微火炖至酥烂。

3.炖时要一次加足水量，中途不宜加水揭盖。

煮

煮是将原材料放在多量的汤汁或清水中，先用大火煮沸，再用中火或小火慢慢煮熟。煮不同于炖，煮比炖的时间要短，一般适用于体小、质软的原材料。

1将原材料洗净，切好。

2油烧热，放入原材料稍炒，加入适量的清水或汤汁，用大火煮沸，再用中火煮至熟。

3最后放入调味料即可。

操作要点

1.煮时不要过多地放入葱、姜、料酒等调味料，以免影响汤汁本身的鲜味。

2.不要过早过多地放入酱油，以免汤味变酸，颜色变暗发黑。

3.忌让汤汁大滚大沸，以免肉中的蛋白质分子运动激烈使汤浑浊。

煲

煲就是将原材料用文火煮，慢慢地熬。煲汤往往选择富含蛋白质的动物原料，一般需要三个小时左右。

1先将原材料洗净，切好备用。

2将原材料放锅中，加足冷水，用旺火煮沸，改用小火烧20分钟，加姜和料酒等调料。

3待水再沸后用中火保持沸腾3~4小时，浓汤呈乳白色时即可。

操作要点

1.中途不要添加冷水，因为正在加热的肉类遇冷收缩，蛋白质不易溶解，汤便失去了原有的鲜香味。

2.不要太早放盐，因为早放盐会使肉中的蛋白质凝固，从而使汤色发暗，浓度不够，外观不美。

烩

烩是指将原材料油炸或煮熟后改刀，放入锅内加辅料、调料、高汤烩制的烹饪方法，这种方法多用于烹制鱼虾、肉丝、肉片等。

1 将所有原材料洗净，切块或切丝。　2 炒锅加油烧热，将原材料略炒，或焯水之后加适量清水，再加调味料，用大火煮片刻。　3 然后加入芡汁勾芡，搅拌均匀即可。

操作要点

1.烩菜对原材料的要求比较高，多以质地细嫩柔软的动物性原材料为主，以脆鲜嫩爽的植物性原料为辅。

2.烩菜原料均不宜在汤内久煮，多经焯水或过油，有的原料还需上浆后再进行初步熟处理。一般以汤沸即勾芡为宜，以保证成菜的鲜嫩。

常见烹饪术语

焯水

　　焯水是将初步加工的原料放在开水锅中加热至半熟或全熟，取出以备进一步烹调或调味。它是烹调中特别是凉拌菜中不可缺少的一道工序，对菜肴的色、香、味，特别是色起着关键作用。焯水，又称出水、飞水。

1. 开水锅焯水注意事项

　　●叶类蔬菜原料应先焯水再切配，以免营养成分损失过多。

　　●焯水时应水多火旺，以使投入原料后能及时开锅。

　　●焯制绿叶蔬菜时，略滚即捞出。蔬菜类原料在焯水后应立即投凉控干，以免因余热而使之变黄、熟烂。

2. 冷水锅焯水注意事项

　　●锅内的加水量不宜过多，以淹没原料为度。

　　●在逐渐加热过程中，必须对原料勤翻动，以使原料受热均匀，达到焯水的目的。

3. 焯水的作用

　　●可以使蔬菜颜色更鲜艳，质地更脆嫩，减轻涩、苦、辣味，还可以杀菌消毒。

　　●可以使肉类原料去除血污及腥膻等异味，如牛、羊、猪肉及其内脏焯水后都可减少异味。

　　●可以调整不同原料的成熟时间，缩短烹调时间。由于原料性质不同，加热成熟的时间也不同，可以通过焯水使几种不同的原料一起成熟。

　　●便于原料进一步加工操作，有些原料焯水后容易去皮，有些原料焯水后便于进一步加工切制等。

走油

　　走油又称过油，是一种大油量、高油温的加工方法，油温在七八成热。走油的原材料一般都较大，通过走油达到炸透、上色、定型的目的。是将备用的原料放入油锅进行初步热处理的过程。走油能使菜肴口味滑嫩软润，保持和增加原料的鲜艳色泽，而且富有菜肴的风味特色，还能去除原料的异味。走油时要根据油锅的大小、原料的性质以及投料多少等正确地掌握油的温度。

注意事项

●挂糊、上浆的原料一般要分散下锅；不挂糊、不上浆的原料应抖散下锅；需要表面酥脆的原料，走油时应该复炸，也叫"重油"；需要保持洁白的原料，走油时必须用动物油或清油（即未用过的植物油）。

●根据火力的大小掌握油温。急火，可使油温迅速升高，但极易造成互相粘连散不开或出现焦糊现象。慢火，原料在火力比较慢、油温低的情况下投入，则会使油温迅速下降，导致脱浆，从而达不到菜肴的要求，故原料下锅时油温应高些。

●根据投料数量的多少掌握油温。投料数量多，原料下锅时油温可高一些；投料数量少，原料下锅时油温就应该低一些。油温还应根据原料质地老嫩和形状大小等情况适当掌握。

●走油必须在急火热油中进行，而且锅内的油量以能浸没原料为宜。原料投入后由于原料中的水分在遇高温时立即汽化，易将热油溅出，须注意防止烫伤。

挂糊

挂糊是指在经过刀工处理的原料表面挂上一层粉糊。由于原料在油炸时温度比较高，粉糊受热后会立即凝成一层保护层，使原料不直接和高温的油接触。

注意事项

●蛋清糊，也叫蛋白糊，用鸡蛋清和水淀粉调制而成。也有用蛋清和面粉、水调制的。还可加入适量的发酵粉助发。制作时蛋清不打发，只要均匀地搅拌在面粉、淀粉中即可，一般适用于软炸，如软炸鱼条、软炸口蘑等。

●蛋泡糊，将鸡蛋清用筷子顺一个方向搅打，打至起泡，筷子在蛋清中直立不倒为止。然后加入干淀粉拌和成糊。用它挂糊制作的菜，外观形态饱满，口感外酥里嫩。

●蛋黄糊，用鸡蛋黄加面粉或淀粉、水拌制而成。制作的菜品色泽金黄，一般适用于酥炸、炸熘等烹调方法。炸熟后食品外酥里嫩，食用时蘸调味品即可。

●全蛋糊，用整只鸡蛋与面粉或淀粉、水拌制而成。它制作简单，适用于炸制拔丝菜肴，成品金黄色，外酥里嫩。

●水粉糊，用淀粉与水拌制而成，制作简单方便，应用广，多用于干炸、焦、熘、抓炒等烹调方法。制成的菜色金黄，外脆硬、内鲜嫩，如干炸里脊、抓炒鱼块等。

●脆糊，在发糊内加入17%的猪油或色拉油拌制而成，一般适用于酥炸、干炸的菜肴。制菜后具有酥脆、酥香、涨发饱满的特点。

改刀

中国烹饪行业专业术语，就是切菜。将蔬菜或肉类用刀切成一定形状的过程，或是用刀把大块的原料改小或改形状。改刀的方法包括切丁、切粒、切块、切条、切丝、切段、剁蓉、切花、做球等，视菜品不同来选择具体的切法。